DAS FERNSTRASSENPROBLEM EUROPAS

UND SEINE LÖSUNG FÜR LÄNDER GERINGERER BEVÖLKERUNGSDICHTE

VON

ING. DR. LEOPOLD ÖRLEY

ORD. PROFESSOR FÜR STRASSEN-, EISENBAHN- UND TUNNELBAU
AN DER TECHNISCHEN HOCHSCHULE IN WIEN

MIT 12 TABELLEN UND 27 ABBILDUNGEN

WIEN
VERLAG VON JULIUS SPRINGER
1936

ISBN 978-3-7091-9763-9 ISBN 978-3-7091-5024-5 (eBook)
DOI 10.1007/978-3-7091-5024-5

Softcover reprint of the hardcover 1st edition 1936

Inhaltsverzeichnis.

I. Ist die Schaffung besonderer Fernstraßennetze notwendig?

Die Entwicklung des Kraftfahrwesens und seine Eingliederung in den Fernverkehr.

Während des Weltkrieges hat das Kraftfahrwesen eine sprunghafte Entwicklung erfahren, und seither zeigt die Statistik trotz andauernder Kriegsgefahr und Wirtschaftskrise eine unentwegte Zunahme des Kraftwagenbestandes.

In Europa zählte man[1]

1926	rund	3	Millionen	Kraftwagen
1928	,,	4	,,	,,
1930	,,	5	,,	,,
1933	,,	6	,,	,,
1935	,,	7	,,	,,

Es gehört daher nicht viel Phantasie dazu, um sich vorzustellen, welche Entwicklung im Kraftfahrwesen zu gewärtigen ist, wenn Europa einmal wieder zu Verständigung und Frieden zurückgefunden haben wird. Alle Völker Europas ersehnen dieses Ziel, und seine Staatsmänner werden schließlich nicht umhin können, diesem Wunsche ihrer Völker einmal Rechnung zu tragen.

Dann aber wird auch die Weltwirtschaftskrise überwunden sein, wird Kapital und Wirtschaft wieder mit Zuversicht in die Zukunft blicken können, und dann wird Europa in einer Periode des Aufschwunges nachholen, was es in den letzten zwei Jahrzehnten versäumt hat — in den Jahrzehnten, in denen versucht wurde, den Weltkrieg auf politisch-wirtschaftlichem Gebiete fortzusetzen und zu verewigen.

Wer nicht ganz in Pessimismus versunken ist, wer nicht Wirtschaftskrise und Arbeitslosigkeit, Visumzwang und Devisenmangel für Zustände von Ewigkeitsdauer hält, der muß eine gewaltige Vervielfachung des europäischen Kraftwagenbestandes und seiner Fahrleistungen in den kommenden Jahrzehnten voraussehen und muß dem bei der Planung aller Bauwerke, die für längere Bestandesdauer bestimmt sind, Rechnung tragen. Dazu gehören aber vor allem unsere Straßen. Bei ihnen muß die künftige Entwicklung ebenso weitblickend ins Auge gefaßt werden, wie das beispielsweise seit jeher beim Bau der Eisenbahnen geschehen ist (Achslasten der Eisenbahnbrücken!), oder bei der Aufstellung städtischer Verbauungspläne seit jeher geübt worden ist. Die Entwicklung des Kraftwagens hat schon einmal (in der ersten Nachkriegszeit) die Entwicklung der Straßen sprunghaft überrannt, und es hat dann vieler Sorgen und Mühen, ernster Forscherarbeit, großer Kosten und langer Jahre bedurft, um die Hauptverkehrsstraßen Europas wieder einigermaßen mit den Forderungen des Kraftwagens in Übereinstimmung zu bringen. Angesichts dieser Erfahrung kann die Öffentlichkeit wohl mit Recht erwarten, daß alles rechtzeitig vorgekehrt werde, damit uns nicht ein zweites Mal ein solcher Entwicklungssturm überrascht und wir ihm dann abermals ungerüstet gegenüberstehen.

[1] S. Tatsachen und Zahlen aus der Kraftverkehrswirtschaft. Veröffentlichungen des Reichsverbandes der Automobilindustrie. Berlin. 1936.

Seit Ende des Weltkrieges befindet sich aber nicht nur die Zahl der Kraftfahrzeuge im ständigen Anstieg, sondern es ist auch ihr sportlicher und wirtschaftlicher Aktionsradius gewaltig gewachsen. Das ist deutlich aus den fortlaufend ansteigenden Erfolgen der kraftsportlichen Wettbewerbe zu erkennen und kommt in Bezug auf Zuverlässigkeit und Leistungsfähigkeit der Kraftwagen überaus sinnfällig in den Ergebnissen der 1933 und 1934 durchgeführten „2000 km Ohne-Halt-Fahrten durch Deutschland“ zum Ausdruck. Bei diesen anstrengenden Dauerprüfungsfahrten war keinerlei Pflichtaufenthalt vorgeschrieben und auch die Durchfahrtskontrollen erfolgten ohne Anhaltung der Fahrzeuge.

Tabelle 1. Auszug aus den Ergebnissen der „2000-km-Fahrt durch Deutschland“ am 21. und 22. Juli 1934.

Fahrzeug — Klasse		Fahrzeugtype der besten Fahrleistung	Streckenlänge in km	Geforderte Mindestleistung (Soll-Leistung)		Erzielte beste Leistung	
				Gesamtzeit vom Start bis Ziel	Durchschnittsgeschwindigkeit km/Stunde	Gesamtzeit vom Start bis Ziel	Durchschnittsgeschwindigkeit km/Stunde
Kraftwagen	Stärkste Klasse über 4000 cm^3	Mercedes-Benz 5018 cm^3	2240	24 St. 58 Min.	88	24 St. 16 Min.	90,5
Kraftwagen	Schwächste Klasse bis 1000 cm^3	Fiat 998 cm^3	2240	34 St. 20 Min.	64	26 St. 54 Min.	81,7
Krafträder ohne Seitenwagen	Stärkste Klasse über 500 cm^3	BMW 745 cm^3	1190	17 St. 28 Min.	68	13 St. 59 Min.	84,8
Krafträder ohne Seitenwagen	Schwächste Klasse bis 250 cm^3	DKW 250 cm^3	1190	21 St. 12 Min.	56	15 St. 35 Min.	76,2

$51^0/_0$ aller gestarteten Kraftfahrzeuge (1650) kamen in der „Soll-Zeit“ ans Ziel; $5^0/_0$ überschritten sie um weniger als 30 Minuten, $3^0/_0$ um 30—60 Minuten. Alle übrigen Fahrzeuge wurden nicht gewertet.

Die am 21. und 22. Juli 1934 durchgeführte Langstreckenfahrt „auf bewachter Landstraße“ führte in einem 2240 km umfassenden Riesen-Viereck (Baden-Baden—Freiburg—München—Berlin—Düsseldorf—Baden-Baden) durch ganz Deutschland. In ihrem Zuge waren rund ein Dutzend großer Wasserscheiden zu überwinden (im Schwarzwald, Schwäbischen Jura, Thüringerwald, Harz, Westerwald, Taunus usw.), darunter solche von 1100 m und 1200 m Seehöhe!

Für die am Wettbewerb teilnehmenden Kraftwagen war die geschlossene, tunlichst aufenthaltslose Rundfahrt als Pflichtleistung vorgeschrieben. Zugelassen waren für jeden Wagen 2 Fahrer, die sich nach Belieben in der Steuerung ablösen konnten und die allein berechtigt waren, allfällige kleine Unterwegsreparaturen am Wagen mit den an Bord befindlichen Mitteln vorzunehmen. Für die teilnehmenden Krafträder (ohne Seitenwagen) war nur ein einziger Fahrer (kein Mitfahrer!) zugelassen, und es war deshalb für sie die Wertungsstrecke auf 1190 km verkürzt (Leipzig—Berlin—Düsseldorf—Baden-Baden). Diese Fahrer mußten somit ihre ganze rund 1200 km lange Strecke ohne Ablösung bewältigen!

In jeder einzelnen Fahrzeug-Klasse war für die Wertung als Mindestleistung eine bestimmte Durchschnittsgeschwindigkeit gefordert, die tunlichst nicht unterschritten werden sollte; aus ihr war eine entsprechende „Soll-Zeit“ für die gesamte Fahrtdauer einschließlich aller kleinen Aufenthalte (Tanken usw.) errechnet.

Die beiden Wertungsfahrten der Jahre 1933 und 1934 wurden nebstbei auch noch zur großzügigen Klärung einer ganzen Reihe wichtiger straßenbautechnischer Fragen benutzt. Siehe hierüber die in der Fußnote angeführte Literatur.[1]

Tabelle 1 gibt einen kennzeichnenden kurzen Auszug aus den Ergebnissen der im Jahre 1934 durchgeführten Wertungsfahrt. An ihr nahmen insgesamt 1650 Kraftwagen und Krafträder teil[2].

Die Ergebnisse der „2000-km-Fahrten durch Deutschland" zeigen deutlich, welch hohen Grad an Vollkommenheit und Zuverlässigkeit die modernen Kraftfahrzeuge erreicht haben — sie beweisen aber auch nicht minder eindrucksvoll das hervorragende Können, die zähe Ausdauer und die eiserne Willenskraft der an der Wertungsfahrt beteiligten Fahrzeuglenker! In ihnen ist sichtbar ein neues Geschlecht hoher kraftsportlicher Fähigkeit und unbeugsamer, raumbeherrschender Energie verkörpert — eine Generation, die mit zielbewußter Kraft am Werke ist, den Landverkehr der Menschheit in neue Bahnen zu lenken.

Dieser Schaffensdrang findet aber noch in zwei weiteren Entwicklungstatsachen eine sehr bedeutsame Förderung: einerseits in der andauernden Senkung der mittleren Anschaffungskosten der Kraftfahrzeuge und der damit parallellaufenden stetig fortschreitenden Verbilligung ihrer Betriebskosten (Treibstoffe, Bereifung, Garagierung, Reparatur usw.) — und anderseits in der Tatsache, daß der Motorisierung des Landverkehres eine fortgesetzt zunehmende Bedeutung in wehrpolitischer Hinsicht zukommt und daß diese Erkenntnis in immer breiteren Kreisen der Bevölkerung feste Wurzeln faßt.

All diese Umstände gemeinsam haben nun den Kraftwagen befähigt, aus dem Bannkreis des Lokalverkehres herauszutreten und sich als selbständiges Transportmittel in den Fernverkehr einzugliedern.

Die Zahl der in die Schweiz einreisenden fremden Kraftwagen betrug

im Jahre	1923	rund	10000	im Jahre	1930	rund	163000
„ „	1926	„	50000	„ „	1932	„	194000
„ „	1928	„	103000	„ „	1934	„	265000

Das kennzeichnet deutlich den Anstieg des Kraftwagen-Fernverkehres. Das gleiche geht aber noch eindrucksvoller aus der italienischen Verkehrsstatistik hervor, die ausweist, daß 1931 von allen Auslandsbesuchern des Landes 53%, 1932 58% und 1934 68% im Kraftwagen einreisten[3]!

Aber auch der Kraft-Güterverkehr ist andauernd in einem natürlichen Anstieg nach Wagenzahl und Transportweite begriffen, der sich vor allem auf gewisse Güterklassen, wie Obst, Gemüse, Milch, Butter, Eier, Bier, Kaffee, Schokolade, Zigaretten, Seife, Blumen, Erzeugnisse der Radioindustrie, Ziegel, Glas, Maschinenteile, Umzugsgut usw. erstreckt und bei dem die besonderen Vorteile dieses Verkehres ganz sinnfällig zur Geltung kommen. Sie sind kurz zusammengefaßt:

Individuelle Verkehrsbedienung und natürlicher Haus—Haus-Verkehr,
Beförderung auch kleiner Mengen mit angemessener Billigkeit,
Überlegene Schnelligkeit auf geringe und mittlere Entfernungen,
Höherer Schutz der Güter gegen gewisse Arten von Wertminderung (Zerbrechen, Verfaulen usw.) — und endlich
Geringes Anlagekapital.

---

[1] Dipl.-Ing. Albert Liese, München (D. D. A. C.): „2000 km durch Deutschland, 6000 km durch Italien". Verkehrstechnik, Berlin 1934, Seite 496—498, sodann die Berichte des gleichen Verfassers über die Vorbereitung und die Ergebnisse der Straßenbauversuche auf der 2000-km-Fahrt durch Deutschland, 1934, in den Fachzeitschriften: Verkehrstechnik — Berlin, 1934, Seite 13—17, 295—297 und 659—663, und „Die Straße" — Berlin, 1934, Seite 153—156 und 273—286.

[2] S. den offiziellen „Schluß-Bericht der 2000 km durch Deutschland 1934".

[3] S. Dr. Gustav Knoth: Fremdenverkehr und Straßenbau. „Der österr. Volkswirt", 1936, S. 388.

Notwendigkeit und Zweck der Fernstraßen.

Als vor rund 100 Jahren der Bau von Eisenbahnen in den verschiedenen Staaten Europas in Angriff genommen wurde, da entstanden sie anfänglich mehr oder weniger individuell geartet — als Sack- oder Flügelbahnen. Als aber die Eisenbahnnetze der einzelnen Länder sich zusammenschlossen, da erkannte man bald die Notwendigkeit einer weitgehenden Vereinheitlichung der Anlage und einer Gliederung der Linien in solche, die dem Weltverkehr dienen (Hauptbahnen), und Linien, die nur dem Verkehrsbedürfnisse enger begrenzter Landgebiete zu dienen haben (Lokal- und Nebenbahnen).

Und in ganz gleicher Art muß heute — im Zeitalter des ständig anwachsenden Aktionshalbmessers der Kraftwagen — innerhalb der Straßennetze grundlegend unterschieden werden zwischen Fernstraßen, die dem internationalen Kraftverkehre bzw. dem Weltverkehre gewidmet sind, und gewöhnlichen Landstraßen, die nur dem Lokalverkehre dienen. Aufgabe der Fernstraßen ist es, einerseits durch ihre Güte, Bequemlichkeit und Sicherheit den internationalen Reiseverkehr anzuziehen und den Hauptgebieten des Fremdenverkehres — also der eigenen Volkswirtschaft — segenbringend zuzuführen und anderseits den Erfordernissen der Binnenwirtschaft und der Landesverteidigung in bestmöglicher Weise zu dienen.

Die Hauptbahnen ersten Ranges — Weltverkehrslinien — sind zwei- oder mehrgleisig, sind für hohe Geschwindigkeiten und große Leistungsfähigkeit gebaut und mit den modernsten Signal- und Sicherungsanlagen ausgerüstet. Sie unterscheiden sich also deutlich und sinnfällig von den gewöhnlichen Lokalbahnen.

Und Fernstraßen? Auch sie werden sich durch Anlage und Linienführung vom Netz der gewöhnlichen Landstraßen deutlich abheben müssen. Wie diese Anlage aber im besonderen erfolgen soll, darüber herrscht in den Kulturstaaten der Welt zur Zeit noch keine einheitliche Auffassung. Es wird das begreiflich, wenn man bedenkt, daß die naturgegebenen Bedingungen in geographischer, wirtschaftlicher, kultureller und strategischer Hinsicht in den einzelnen Staaten sehr verschieden sind und daß der Bau der Fernstraßen all diesen Bedingungen bestmöglich angepaßt sein muß.

Das erklärt auch die Unsicherheit der Meinung, die heute noch in weiten Kreisen über die Notwendigkeit und Zweckmäßigkeit des Baues von Fernstraßen vorherrscht. Völlig irrig ist es aber zu glauben, daß Fernstraßen — wie man das oftmals sagen hört — lediglich zum aufenthaltslosen Durchrasen der Länder mit möglichst hoher Geschwindigkeit dienen oder einladen und daß darum ihr volkswirtschaftlicher Wert ein zweifelhafter sei. Wäre es so, dann müßte auch jede Maßnahme der Bahnverwaltungen, die im internationalen Wettbewerb der Verkehrsmittel und der Staaten auf Erhöhung von Geschwindigkeit und Bequemlichkeit des Reisens abzielt, volkswirtschaftlich bedenklich erscheinen! Wohin aber käme der Reiseverkehr eines Landes, das auf diesen Gebieten dem Stillstand huldigt?

Es ist auch gar nicht die Steigerung der möglichen Höchstgeschwindigkeit, die den Kraftfahrer in erster Linie veranlaßt, als Reiseroute die gut angelegte Fernstraße zu wählen, sondern es ist vor allem die Bequemlichkeit und Sicherheit der Fahrt, die ihm auf der Fernstraße verläßlich geboten wird und die auf der gewöhnlichen Landstraße in weitgehendem Maße fehlt. Es ist keine reine Freude für den Fahrer, die Geschwindigkeit seines Wagens unausgesetzt abbremsen und dann wieder steigern zu müssen, den Schaltgang häufig zu wechseln, von Fußgehern, Radfahrern und ungenügend beaufsichtigtem Vieh behindert und gefährdet zu werden und in unzähligen, unübersichtlichen Ortsdurchfahrten jederzeit gewärtig zu sein, daß ein spielendes Kind in den Wagen springt oder ein achtlos aus seinem Gehöft ausfahrendes Fuhrwerk die Fahrbahn blockiert. Und ebenso ist auch das Überholen eines langsamer fahrenden Wagens auf der nur 6 m breiten Landstraße kein reines Vergnügen, denn dieses Überholen kann nur auf der Fahrbahn des Gegenverkehres und nur in einer Verkehrslücke des letzteren erfolgen — und dieses Überholen wird um so gefährlicher, je dichter der Verkehr und je unsichtiger die Witterung ist. Die Zahl solcher Überholungen ist aber bei längeren Fahrten sehr groß! Man denke nur daran, wie vielgestaltig die Fahrzeuge und Straßenbenutzer sind, die alle auf dem schmalen Bande der Straße in bunter Folge und oftmals sehr großer Dichte (z. B. Sonntags!) sich bewegen: Sportwagen, starke Tourenwagen, Krafträder mit und ohne Beiwagen, Autobusse, Lastkraftwagen mit und ohne Anhänger, Kleinautos, leichtes und schweres Gespannfuhrwerk, Erntewagen, Radfahrer, einzelne Fußgeher, Jugendwandergruppen usw.

Die Fernstraße dient also durchaus nicht zum bloßen „Durchrasen“ der Länder — wohl aber dazu, um möglichst rasch, bequem, sicher und mit tunlichst gleichmäßiger, flüssiger Durchschnittsgeschwindigkeit bis zum sekundären Straßennetz des Reisezieles zu kommen, wobei für den Autotouristen die Möglichkeit jederzeit offen bleibt, unterwegs auch noch kleine Abstecher von der Hauptroute zu einzelnen sehenswerten Punkten des Landes zu machen. Länder, die dem Kraftfahrer diese Vorteile an Fahrzeitkürzung, Bequemlichkeit und Sicherheit bieten, verbunden mit einer fühlbaren Schonung des Wagens und mit nicht unbeträchtlichen Ersparnissen an Treibstoffen und Bereifung, werden den Reiseverkehr magnetisch an sich ziehen und ihre Volkswirtschaft sichtbar fördern — Länder aber, die auf die Schaffung dieses Anreizes verzichten, werden vom Strom des internationalen Kraftverkehres immer mehr gemieden und umfahren werden.

Vorsorge für Fußgeher und Radfahrer; Zunahme des Radfahrverkehres.

Durch den Bau modern gestalteter Fernstraßen wird aber nicht nur die Sicherheit auf diesen Straßen selbst beträchtlich gehoben, sondern zugleich auch die im ganzen übrigen Straßennetz des Landes, denn gut angelegte Fernstraßen ziehen den Kraftwagenverkehr zwingend an sich und entlasten dadurch fühlbar das ganze benachbarte Wegenetz. Das kommt sodann vornehmlich den älteren Verkehrsarten auf diesen Wegen zugute — dem Verkehr der Gespannfuhrwerke, der Radfahrer und der Fußgänger, denen ohnedies in neuerer Zeit von der öffentlichen Obsorge eine viel zu stiefmütterliche Behandlung zuteil geworden ist. Besonders die Sorge für einen gesicherten Verkehr der Radfahrer und Fußgeher gehört gegenwärtig zu den wichtigsten Aufgaben unserer Zeit. Sie ist ein dringendes Gebot der wirtschaftlichen, sozialen und hygienischen Einsicht!

Für den Fahrradverkehr wird am besten durch den Bau vollkommen selbständig geführter Radfahrwege nach dem Beispiele Hollands, Belgiens, Deutschlands und der Schweiz gesorgt. Wo aber der Bau derart unabhängiger Radfahrwege nicht möglich ist, sollen sie wenigsten parallel zu den bestehenden Straßen, jedoch streng von der Fahrbahn getrennt, geschaffen werden (Abb. 1, 2, 12, 18 und 26). Die Trennung erfolgt am einfachsten durch Baumreihen oder Wehrsteine, bzw. bei erhöht angelegten Radfahrwegen durch Randsteine (Bordschwellen).

Die Mehrkosten, die dem Straßenbau aus der Vorsorge für Fußgeher und Radfahrer erwachsen, sind durchaus mäßig und sind die unvermeidliche Folge der vom Kraftwagen verursachten Geschwindigkeitssteigerung im Straßenverkehr. Diese Mehrkosten müssen seitens der Straßenverwaltungen ebenso getragen werden wie jene, die den Eisenbahnverwaltungen aus der Nötigung zu ständig fortschreitender Geschwindigkeitssteigerung (Beschaffung neuer Triebfahrzeuge, Ausgestaltung der Signal- und Sicherungsanlagen usw.) erwachsen.

Daß es nicht angeht, die Verwirklichung dieser Maßnahmen noch weiter hinauszuschieben, zeigt uns mit erschreckender Deutlichkeit die Unfallstatistik. Die Zahl der Menschen, die Jahr für Jahr dem immer dichter und rascher sich abwickelnden Verkehr zum Opfer fallen, übersteigt bei weitem die Zahl der Opfer, die früher einmal in vereinzelten Katastrophenjahren, verheerenden Seuchen, wie den schwarzen Blattern, der Cholera oder der Pest, erlegen sind. 10% aller Todesfälle sind heutzutage — im Zeitalter der Technik — auf Unfälle zurückzuführen, und ein Drittel davon sind Verkehrstote! Auf 230 Kraftwagen im Deutschen Reiche entfällt im Durchschnitt alljährlich ein Verkehrstoter! 120 Verkehrstote und mehr als 5000 Verletzte in jeder Woche haben vor etwa Jahresfrist in England den „Schutzverband der Fußgeher" auf den Plan gerufen, eine Vereinigung, die unter Hinweis auf die traurige Unfallziffer des Verkehres den Bau von rund 3000 km Autobahnen auf britischem Boden fordert und für alle übrigen Straßen und Wege eine sehr weitgehende Herabsetzung der zulässigen Höchstgeschwindigkeit verlangt! — 80000 Radfahrer verunglücken jährlich im Deutschen Reich und der Ausfall an Volksvermögen im Jahr, der auf diese Weise zu beklagen ist, wird auf mindestens 40 Millionen RM geschätzt — eine Summe, die nur verständlich wird, wenn man bedenkt, daß die materiellen Unfallschäden nicht bloß die Radfahrer treffen, sondern zumeist in noch viel höherem Maße Kraftfahrer, die an den Unfällen beteiligt sind. Diese Zahlen sind erschütternd[1]! Sie mahnen eindringlichst, endlich frei von engherzigen Bedenken alles vorzukehren, was die Verkehrsentwicklung der Gegenwart und der nächsten Zukunft gebieterisch fordert!

Abb. 1. Hauptverkehrsstraße 1. Klasse: Zürich—Winterthur. Mit Radfahrwegen und Gehwegen beiderseits der Fahrbahn.
Breitenmaße in Metern: (1·50 + 1·50) + 9·00 + (1·50 + 1·50).

Charakteristisch für die heutige Zeit ist die mit der Vermehrung der Kraftwagenzahl parallellaufende, rapide Zunahme des Fahrradverkehres. In Holland besitzt gegenwärtig jeder dritte Einwohner ein Fahrrad, in Deutschland jeder vierte, in der Schweiz jeder fünfte, in Österreich jeder siebente. Hier ist aber in letzter Zeit geradezu eine Fahrradepidemie ausgebrochen; schon im Jahre 1935 betrug in Österreich die Zunahme an Fahrrädern rund 150.000 und im Jahre 1936 werden die Fahrradfabriken einen noch größeren Absatz erreichen und nicht weniger als 200000 neue Fahrräder in den Straßenverkehr bringen (im Durchschnitt 600 pro Tag)! Die Nachfrage nach Rädern ist so groß, daß die Fabriken kaum in der

[1] Die Straße. Berlin. 1935, S. 136, und 1936, S. 124. — Verkehrstechnik, S. 425. Berlin. 1935. Wolff: Die Verkehrssicherheit der Straße. Bitumen, S. 73. Berlin 1936. Wolff: Die Radfahrer-Unfälle. (Umfang — Zusammensetzung — Unfallkosten) Verkehrstechnik, S. 33. Berlin 1936.

Lage sind, den Anforderungen des Handels nachzukommen[1]. Schon im Jahre 1932 ergab eine Verkehrszählung in Tirol an einem August-Sonntag

1058	Radfahrer auf der Bundesstraße Innsbruck	—Brenner
2784	„ „ „ „ „	—Hall
2368	„ „ „ „ „	—Zirl

und seither ist der Radfahrverkehr noch rapid weiter angestiegen. Er ist nicht nur an Sonntagen so hoch, sondern ebenso auch an Wochentagen, denn das Fahrrad ist heute mehr als je früher ein Verkehrsmittel der Berufstätigen, besonders der Siedler auf dem Wege zum Arbeitsplatz und am Rückwege zur Heimstätte.

In den Morgen- und Abendstunden an Wochentagen benutzen etwa 300 Radfahrer stündlich die 8 km lange Bundesstraße Innsbruck—Hall; auf den Ausfallstraßen einer Reihe deutscher Städte wurden vier- bis sechsmal so viel Radfahrer als Kraftwagen festgestellt, und in Italien wird auf Grund streckenweiser Verkehrszählungen geschätzt, daß die Zahl der Personenkilometer, die im Jahre vom Radfahrverkehr bewältigt werden, ebenso groß ist als die der Kraftfahrzeuge!

Die Ursache dieses unerhört stürmischen Anstieges des Radfahrverkehres ist einerseits in der Verbesserung der Straßen und anderseits in der Auswirkung der langandauernden Wirtschaftskrise zu suchen. Die modernen Straßenbeläge ermöglichen es heute dem Radfahrer, weit größere Strecken als früher ohne Überanstrengung zurückzulegen, und das hat dazu geführt, daß heute das Fahrrad nicht mehr lediglich ein Sportgerät der Jugend ist, sondern ein wichtiges Verkehrsmittel des Volkes, das von allen Altersklassen und Ständen (Arbeitern, Angestellten, Kleingewerbetreibenden, Händlern, Siedlern und Bauern) beruflich mit Vorteil verwendet wird. Gesteigert aber wird diese Verwendung noch durch die Not der Zeit, die einen Großteil der werktätigen Bevölkerung und der erholungsuchenden Jugend dazu zwingt, durch Benutzung des Rades das Fahrgeld für die öffentlichen Verkehrsmittel zu sparen.

Für alle diese Menschen verständnisvoll zu sorgen und sie nicht schutzlos den immer größer werdenden Gefahren der Straße zu überlassen, ist heute ein ernstes Gebot menschlicher Einsicht und sozialer Gerechtigkeit. Beispielgebend ist besonders die Stadt Magdeburg vorangegangen; sie hatte bereits 1934 in ihrem Gebiete (Stadt und Umgebung) mehr als 320 km Radfahrwege geschaffen. Dieses Beispiel hat wesentlich dazu beigetragen, daß seit dem Sommer 1934 im ganzen Deutschen Reiche der Bau von Radfahrwegen unter der obersten Führung des Generalinspektors für das deutsche Straßenwesen (durch die in 16 Gaustellen gegliederte „Reichsgemeinschaft für den Radfahrwegebau“) zielbewußt begonnen worden ist. Durch sie werden in wenigen Jahren 15000—20000 km selbständige Radfahrwege geschaffen werden.

In Österreich sind Vorsorgen dieser Art noch nicht getroffen worden. Die Frage der Schaffung von Radfahrwegen steht aber auf der Tagesordnung öffentlicher und amtlicher Erwägungen, und es ist daher zu hoffen, daß ihre Lösung auch hier ehebaldigst praktisch in Angriff genommen werden wird. Ihre Dringlichkeit kennzeichnet Reg. Baurat Fischer (Innsbruck)[2] mit treffenden Worten, indem er sagt: „Beobachten wir nur, wie auf den Ausfallstrecken der größeren Städte Tag für Tag, früh und abends, Hunderte werktätiger Menschen auf ihren Fahrrädern sich abmühen, um zu ihrem entlegenen Arbeitsplatz oder zu ihrer Heimstätte zu gelangen, wie diese Menschen es immer wieder ertragen müssen, daß Autofahrzeuge in Fluggeschwindigkeiten rücksichtslos an ihnen vorüberrasen, so werden wir uns nicht wundern dürfen, wenn diese Menschen es als aufreizend empfinden müssen, sich

[1] Neue Freie Presse vom 23. Mai 1936.

[2] Das Straßenwesen, S. 28. Wien. 1935.

ständig in ihrer Sicherheit bedroht zu sehen. Unsere heutige Auffassung von Menschlichkeit und Gerechtigkeit gebietet uns daher, daß wir einen bescheidenen Bruchteil der für den Ausbau der Straßen bereitgestellten Kreditmittel dazu verwenden, um die Anlagen zu schaffen, die notwendig sind, um dem Radfahrer und dem Fußgänger jenes Mindestmaß an Sicherheit zu gewährleisten, auf das sie einen gesetzlich begründeten Anspruch erheben können."

Wenn es sich also heute darum handelt, der Verkehrsentwicklung der nächsten Jahrzehnte im Ausbau unseres Straßen- und Wegenetzes vorausblickend Rechnung zu tragen, dann darf auf den Radfahrer und Fußgeher nicht vergessen werden! Die notwendigen Vorsorgen für diese Kategorie der Straßenbenutzer gehören mit zur Planung eines Fernstraßennetzes, und das um so mehr, weil Mängel in dieser Hinsicht rückwirkend auch wieder die Sicherheit des Kraftverkehres empfindlich schädigen.[1]

Die Schaffung eines — den Verkehrsbedingungen voll entsprechenden, entwicklungsfähigen Fernstraßennetzes ist aber für jedes Land eine so große Aufgabe, daß sie nicht in wenigen Baujahren bewältigt werden kann, sondern unter Umständen Jahrzehnte planmäßiger Arbeit erfordert. Es ist deshalb nicht länger mehr angängig, die Straßenbaupolitik so wie bisher von Budgetjahr zu Budgetjahr zu erstellen — es ist vielmehr nötig, sie vorausblickend auf Generationen zu gestalten!

II. Fernstraßenbauten und Fernstraßenpläne in Europa.

Die Erkenntnis von der Notwendigkeit der Schaffung besonderer Fernstraßennetze bricht sich trotz Krise und Finanznot in immer weiteren Kreisen Bahn, und in allen Kulturstaaten ist man am Werke, sich mit dieser großen Frage auseinanderzusetzen und ihre zweckmäßigste Lösung zu suchen!

Querschnitte und Anlagegrundsätze.

Vorausgegangen ist Italien, das schon 1923 in Oberitalien begonnen hat, ein Netz von Nurautostraßen zu schaffen. Ihm ist im Jahre 1931 das Deutsche Reich zuerst mit dem Bau der Kraftwagenstraße Köln—Bonn und dann 1934 mit dem gigantischen Werk des Baues der Reichsautobahnen gefolgt, und von diesen Pionierleistungen modernster Straßenbaukunst ausgehend, regt sich nun der Gedanke des Fernstraßenbaues auch in den übrigen Ländern Europas, und hierbei mit besonderer Gründlichkeit in der Schweiz, die — zwischen Deutschland und Italien gelegen — vor der Aufgabe steht, beide Fernstraßennetze über das eigene Staatsgebiet hinweg in angemessener Weise zu verbinden.

Von grundlegendem Einfluß für alle weiteren Planungsarbeiten ist zunächst der Entschluß in bezug auf die Gestaltung des Fernstraßen-Querschnittes.

Abb. 2 zeigt die wichtigsten bisher angewendeten Querschnittsformen. Italien baut seine Autostraßen grundsätzlich dreibahnig; außen liegend die Fahrbahnen der beiden Hauptverkehrsrichtungen F_1 und F_2 und in der Mitte die Überholungsbahn $\ddot{U}$, die beiden Verkehrsrichtungen gemeinsam zu dienen hat.

Die Kraftwagenstraße Köln—Bonn wurde schon vierbahnig erbaut, so daß jede Verkehrsrichtung ihre eigene Überholungsbahn $\ddot{U}_1$ bzw. $\ddot{U}_2$ besitzt. Am großzügigsten ist der Querschnitt der Reichsautobahnen gestaltet. Die beiden Verkehrsrichtungen sind durch einen 5,00 m breiten Grünstreifen voneinander getrennt und jeder Richtung steht für Haupt- und Überholungsbahn ein 7,50 m breiter Belagstreifen zur Ver-

[1] Siehe hiezu auch: Dr. Ing. H. Schacht: Der Radfahrweg. (Ein Beitrag zur Lösung des Radfahrverkehrsproblemes.) Halle a. S.: M. Boerner. 1935.

1. Normalquerschnitt der italienischen Autobahnen.

Befestigte Fahrbahn: 8-9m breit + Bankette je 0'5-1'0 m breit.

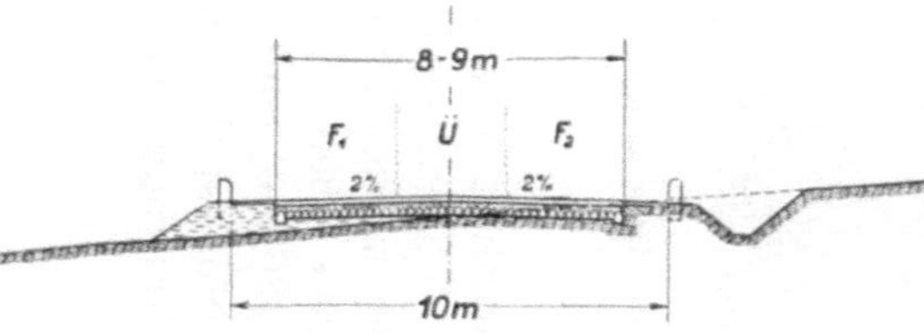

2. Fernverkehrsstraße Zürich-Winterthur.

Fahrbahn 9 m mit Teilungsstreifen.
Beiderseits je Radfahrweg 1'5 m und Fußweg 1'5 m.

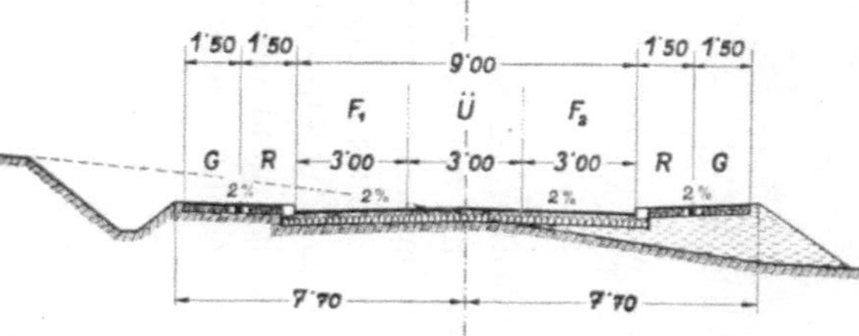

3. Kraftwagenstraße Köln-Bonn. 20 km lang.

Vollendet 1932.

4. Regelquerschnitt der Reichsautobahnstrecken. (In der Geraden).

In Einschnitten und niedrigen Dämmen: Betondecken mit Baustahlgewebeeinlagen.
Auf höheren Anschüttungen: Bituminöse Fahrbahnbeläge.

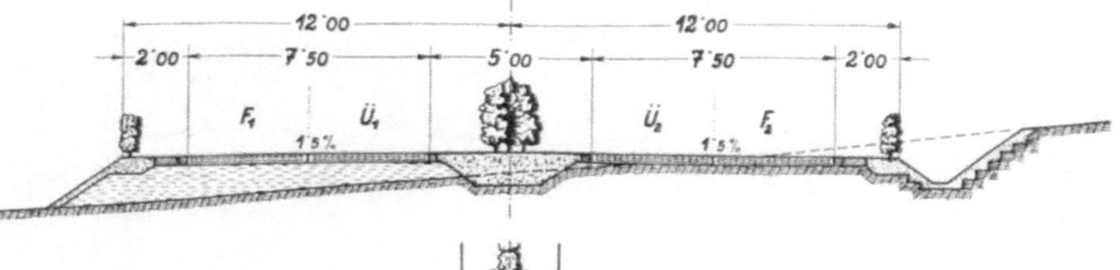

5. Reichsautobahnquerschnitt in Bogenmitte.

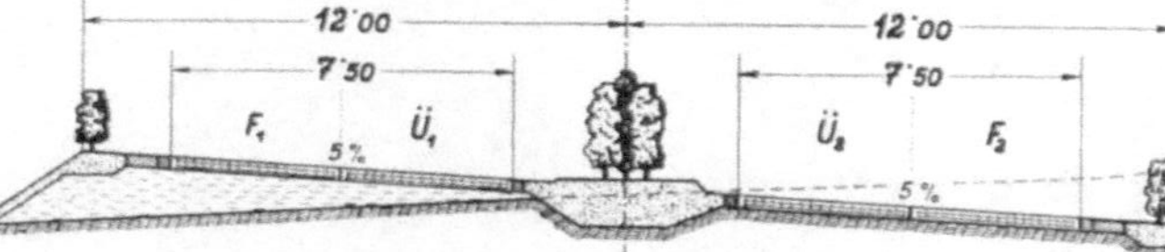

6. Reichsautobahnquerschnitt an Steilhängen.

Gestaffelte Fahrbahnführung.

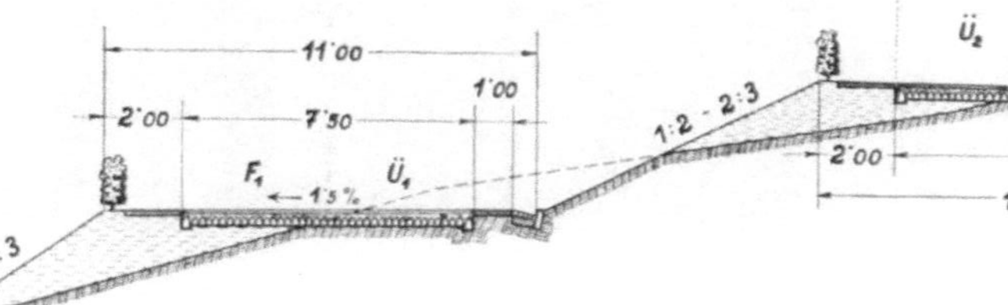

Abb. 2. Querschnitte von Fernverkehrsstraßen und Autobahnen.

fügung; an ihn schließt sich nach außen ein 2,00 m breiter Randstreifen, der auf der inneren Hälfte mit einer leichten bituminösen Oberflächenbefestigung versehen ist. Der Randstreifen dient zum Abstellen anhaltender Fahrzeuge und als Sicherheitsstreifen für die mit hoher Fahrgeschwindigkeit sich bewegenden Kraftwagen.

Die Kronenbreite der genannten Straßen beträgt somit:

bei den italienischen Autobahnen	rund	11,00 m
„ der Kraftwagenstraße Köln—Bonn .	„	16,50 „
„ den Reichsautobahnen	„	24,00 „

Eine Sonderstellung nehmen die in der Schweiz projektierten bzw. in kurzen Stücken schon ausgeführten Fernstraßen ein. Sie sind nicht reine Autobahnen,

Abb. 3. Die Auto-Camionale: Genua—Serravalle (Valle del Po). Erbaut 1932—1935. Einfahrt in den 156 m langen Maltempo-Tunnel. R = 100 m.

sondern können am besten als Landstraßen großer Vollkommenheit und hoher Leistungsfähigkeit mit reinlicher Scheidung des Radfahr- und Fußgeherverkehres vom Kraftwagen- und Gespannverkehr bezeichnet werden, wobei zu beachten ist, daß letzterer in der Schweiz nur mehr eine ganz untergeordnete Rolle spielt. Die bisher ausgeführten Straßen dieser Art, z. B. Zürich—Winterthur (26 km) und Solothurn—Grenchen (11 km) sind d r e i b a h n i g (gemeinsame Überholungsbahn in der Straßenmitte!) und besitzen beiderseits erhöht angelegte Radfahrstreifen (*R*) und Gehwege (*G*) (s. Abb. 1, 2 und 12).

Nebst der Wahl des Straßenquerschnittes ist der Entschluß in bezug auf die Gestaltung der Straßenkreuzungen und der Straßengabelungen sowie die Art der Ausgestaltung oder Vermeidung der Ortsdurchfahrten von grundlegender Bedeutung. In dieser Hinsicht zeigen die Reichsautobahnen die radikalste und vollkommenste Lösung. Plankreuzungen mit Straßen oder Eisenbahnen sind dort grundsätzlich vermieden und durch Stockwerkskreuzungen (Unter- oder Überfahrten) ersetzt. Wo es nötig ist, werden die in verschiedener Höhe liegenden Verkehrswege durch Rampenstraßen miteinander verbunden. Abb. 4 zeigt das Schema einer solchen Anlage[1].

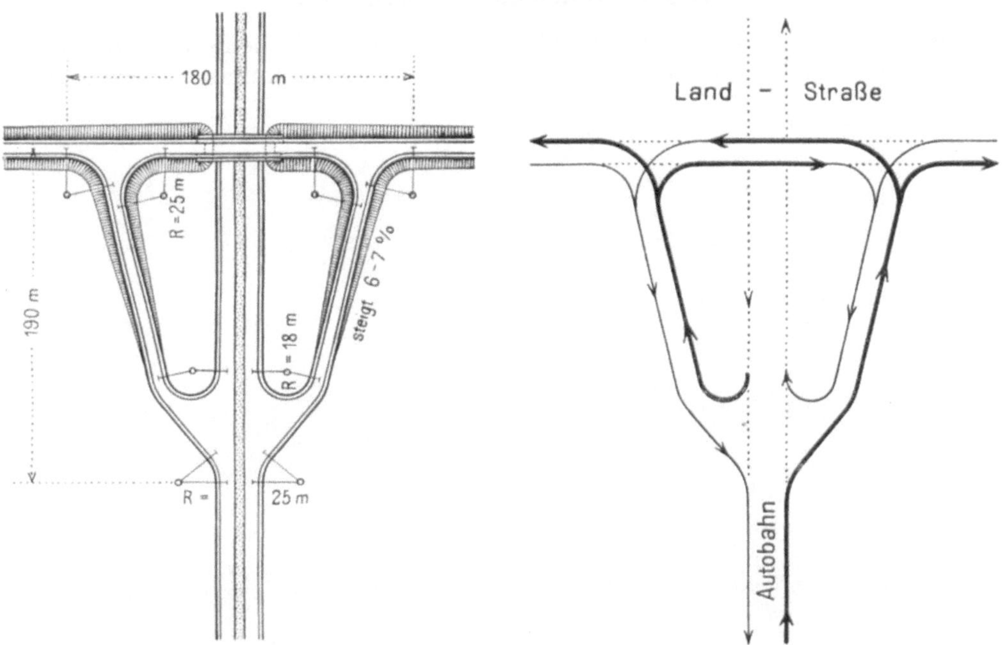

Abb. 4. Kreuzung und Verbindung von Autobahn und Landstraße.
Schema einer Anschlußstelle dritter Ordnung beim Berliner Kraftfahrbahnring.

Der Grundsatz vollkommener Plankreuzungsfreiheit im Bereich der Fernstraßen verteuert deren Bau in hohem Maße, und zwar nicht nur deshalb, weil jedes einzelne Kreuzungs- oder Gabelungsbauwerk große Kosten verursacht, sondern vor allem deshalb, weil die grundsätzliche Forderung von Stockwerkskreuzungen die billige Führung der Fernstraße in Geländehöhe erschwert und in der Regel zu langen Damm- oder Einschnittsbauten zwingt.

Bei den italienischen Autobahnen sind Plankreuzungen auf freier Strecke ebenfalls grundsätzlich vermieden, dagegen sind die Autobahn-Gabelungen in der Regel einfach gestaltet. Die Richtlinien des Schweizerischen Autostraßen-Vereines (S. A. V.) sehen grundsätzlich nur die Beseitigung von Plankreuzungen mit Eisenbahnen vor und fordern in bezug auf die Plankreuzungen mit Straßen und Wegen nur deren Vermeidung „nach Möglichkeit“.

Ortsdurchfahrten sind bei den deutschen Autobahnen grundsätzlich ausgeschlossen; die italienischen Autobahnen weisen sie nur in den großen Städten, die als Reiseziel in Betracht kommen, auf. Die Richtlinien des S. A. V. dagegen lassen für das Fernstraßennetz Ortsdurchfahrten fallweise zu, trachten aber, sie so gefahrlos als möglich zu gestalten.

[1] Ewald: Abzweigungen und Kreuzungen beim Berliner Kraftfahrbahnring. Zeitschrift des V. D. I., Seite 364—366. Berlin 1936.

Das Mittel, die Schnelligkeit, Bequemlichkeit und Sicherheit des Kraftverkehres durch den Bau von Umgehungsstraßen zu fördern, hat in jüngster Zeit besonders in England planmäßige Anwendung gefunden. Hier sind es vor allem die Straßenzüge, die von London zur Kanalküste führen, die in solcher Weise mit Aufwendung bedeutender Baukosten ausgestaltet worden sind. Die bedeutsamste Ausführung dieser Art ist die Umgehungsstraße bei Winchester, die eine Länge von rund 12 km aufweist[1].

Das italienische Autobahnnetz.

Abb. 5 zeigt das von Senator Puricelli projektierte italienische Autobahnnetz, das nach seiner Vollendung insgesamt etwa 2500 km Länge umfassen wird[2]. Hiervon

Abb. 5 Das italienische Autobahnnetz nach Entwurf von Senator Puricelli.

sind zur Zeit rund 530 km vollendet und dem Betriebe übergeben. Die wichtigste Linie in volkswirtschaftlicher und strategischer Hinsicht ist die Pedalpina, die vom Col di Tenda über Turin, Mailand, Mestre und Triest nach Fiume führt und nach ihrer Vollendung rund 740 km lang sein wird. Von ihr sind gegenwärtig 245 km fertiggestellt. Ihre Verbindung mit dem Hafen von Genua steht im Bau. Das schwierigste Stück dieser Verbindung, die 51 km lange „Camionale" über den Ligurischen Apennin von Genua nach Serravalle, ist Ende 1935 dem Verkehr über-

[1] Verkehrstechnik, S. 35. Berlin. 1935.

[2] Jonasz: Straßenbaupolitik für Generationen. Die Autobahn, S. 187—191. Berlin. 1934. — Carlo Cesareni: Zwölf Jahre Autobahn in Italien. Die Autobahn, S. 791—842. Berlin. 1934.

geben worden. Sie steigt von Genua mit Einhaltung einer Höchstneigung von 4% und eines Kleinsthalbmessers von $R = 100$ m zum Giovipaß an und unterfährt diesen in 413 m Seehöhe mit einem 909 m langen Scheiteltunnel. Die Camionale ist die

Abb. 6. Die Auto-Camionale: Genua—Serravalle (Valle del Po). Perspektive zum Bauentwurf der Anlagen in Genua. Plankreuzungsfreie Verbindung des Hafengebietes (Richtung 1 und 2) mit dem 22 m über dem Meere gelegenen großen Parkplatz (Autobahnhof). Rechts rückwärts das Betriebsgebäude und die Ausfahrt (Richtung 3) nach Norden (Serravalle, Mailand, Turin). Die Herstellung des 440 m langen und 117 m breiten Parkplatzes ($F = 50\,000$ m²) erforderte die Abtragung von rund 1·1 Millionen Kubikmeter Fels.

erste Autobahn, die über die Paßhöhe eines Gebirges erbaut wurde. Sie ist vorwiegend dem von Genua ausgehenden Lastkraftwagenverkehr gewidmet und weist in

Abb. 7. Die Auto-Camionale: Genua—Serravalle. Auffahrts-Schlinge zur Verbindung des Hafengebietes (Richtung 1 und 2) mit dem Autobahnhof.

ihrer ganzen Länge die Normalbreite der italienischen Autobahnen (befestigte Fahrbahn: 9 m breit) auf. Ihre Herstellung erforderte infolge der zahlreichen großen Kunstbauten (Gesamtlänge der Tunnel 3002 m!) rund 3,5 Millionen Lire für 1 km

Länge. Ihre Fortsetzungen von Serravalle nordwestlich nach Turin und nördlich nach Mailand erfordern noch die Ausführung von rund 110 bzw. 90 normalen Autobahnkilometern[1].

Abb. 8 zeigt die ersten (1923—1925) in Italien durch Puricelli geschaffenen Autobahnen aus der Vogelschau. Das Bild zeigt sinnfällig das heute in Italien vorherrschende Trassierungsprinzip: die Linienführung in langen Geraden; hier 10 bis 18 km lang! Die Autobahn Padua—Mestre besteht aus einer einzigen Geraden von

Abb. 8. Flugzeugaufnahme der Autobahnen Mailand—Seen.

Mailand—Lainate—Gallarate—Sesto Calende, am Lago Maggiore	47 km
Lainate—Como, am Lago di Como	24 km
Gallarate—Varese, am Lago di Varese	17 km
Zusammen	88 km

23 km Länge, und auch die 82 km lange Autobahnlinie von Florenz nach Pisa und Viareggio weist vier Gerade von 12 bis 15 km Länge auf. Nur bei der Gebirgsstrecke über den Ligurischen Apennin, der Camionale, konnte diese Art der Linienführung nicht angewendet werden; hier liegen notgedrungen 42% der ganzen Länge im Bogen.

Die gerade Linienführung der Straßen war schon im Altertum — im strikten Gegensatz zur griechischen Straßenbaukunst — ein römisches Trassierungsprinzip, und es ist interessant zu erkennen, wie solche historische Gepflogenheiten über die Jahrtausende hinweg noch heute lebendig wirksam sind. Die 300 Jahre v. Chr. unter dem Konsul Appius Claudius erbaute „Regina Viarum", die Straße, die von Rom, dem „Mittelpunkt der Welt", über Brindisi, Makedonien, Thessalien und den Hellespont durch Kleinasien bis zum Euphrat führte, war schon typisch für dieses

[1] Ministero dei lavori pubblici: L'Auto-Camionale Genova—Valle del Po, A Cura dell Ing. G. Pini, Roma 29. Ottobre 1935 XIV.

Francesco Sapori: L'Auto-Camionale. La Libreria dello Stato in Roma 1935 XIV E. F.

Trassierungsprinzip. Sie führte mit einer 30 km langen Geraden, unbekümmert um alle Hindernisse, quer durch die pontinischen Sümpfe! Und wenn wir uns heute in Österreich fragen, warum gerade die allen Kraftfahrern bekannte und von ihnen oftmals auch gefürchtete Straße über den Katschberg die ganz ungewöhnlich große Steigung von 28% aufweist, und wenn wir zur Erklärung ihre typisch

Abb. 9. Die Auto-Camionale: Genua—Serravalle. Entwicklungs-Schleife nächst Montànesi. Viadukt 273 m lang, 46 m hoch.

geradlinige, vollkommen entwicklungslose Linienführung heranziehen, so sollten wir noch hinzufügen, daß die Straße über den Katschberg auch heute noch — nahezu genau — der alten Römerstraße folgt und daß die Eigenart ihrer Linienführung daher altrömischer Straßenbaukunst entspringt.

Ungewöhnlich lange Gerade finden sich natürlich vereinzelt auch auf Straßen anderer Staaten. Die längste Gerade der Welt dürfte die 80 km lange Gerade auf der Staatsstraße in Nord-Dakota sein, die zweitlängste die 52 km lange Gerade von Deming nach Silver City in Neu-Mexiko (U. S. A.)[1]!

[1] Die Betonstraße, S. 96. 1936.

Das deutsche Autobahnnetz.

Beim Bau der deutschen Reichsautobahnen werden, im Gegensatze zur italienischen Gepflogenheit, Gerade von mehr als etwa 5 km Länge grundsätzlich vermieden, einerseits aus ästhetischen Rücksichten, um das Landschaftsbild für den Fahrer abwechslungsreicher zu gestalten, und anderseits zur Hebung der Betriebssicherheit, da besonders lange Gerade erfahrungsgemäß die Reaktionszeit des Fahrers weitgehend herabsetzen. Diese beträgt, nach vielfachen Messungen, bei einem guten

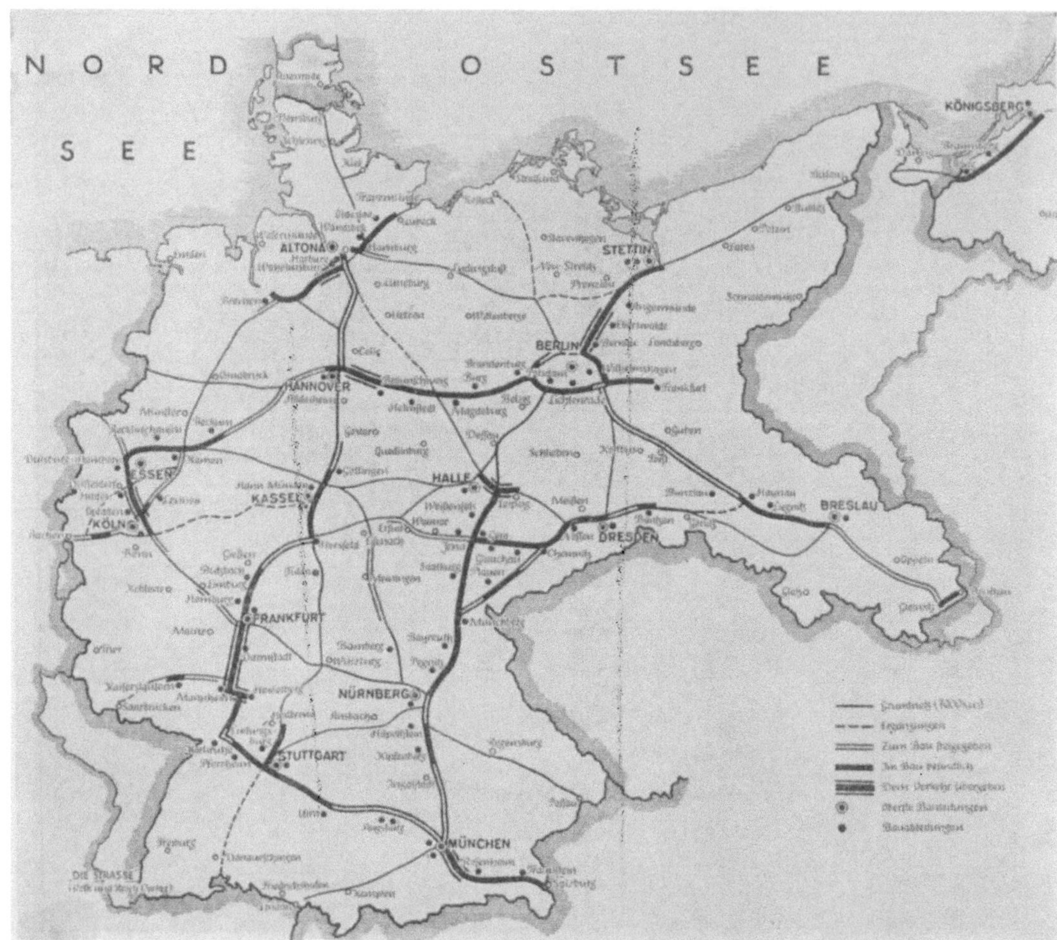

Abb. 10. Das Grundnetz der Reichsautobahnen nach dem Gesetz vom Mai 1934 mit dem Stande der Bauarbeiten vom Mai 1936.

Fahrer unter normalen Verhältnissen etwa 0,6 Sekunden. Eine 10 km lange Gerade führt aber infolge ihrer Monotonie — wie beobachtet wurde — unter Umständen zu einer Erhöhung dieses Maßes auf das Sechsfache, also bei plötzlich auftretender Notwendigkeit des Bremsens zu einem Bereitschaftsweg von der sechsfachen Normallänge. Bei einer Geschwindigkeit von 120 km/Stunde errechnet sich daraus ein Anstieg des Bereitschaftsweges von 25 m auf 150 m, was für die Sicherheit der Fahrt schon von sehr beträchtlichem Einfluß sein kann!

Abb. 10 zeigt das Grundnetz der im Bau befindlichen Reichsautobahnen. Seine Gesamtlänge umfaßt nahezu 7000 km. Von diesen sind bis Ende Mai 1936 bereits 300 km vollendet und dem Verkehr übergeben worden, und weitere 700 km folgen bis zum Jahresschlusse nach. Für das Jahr 1937 sieht das Bauprogramm die Fertigstellung weiterer 1700 km vor, so daß Ende 1937 rund 40% des Gesamtnetzes dem Verkehr übergeben sein werden, darunter die zwei großen Nord—Süd-Linien:

Hamburg (Lübeck, Bremen)—Hannover—Kassel—Frankfurt a. M.—Mannheim—Karlsruhe und

Stettin—Berlin—Halle—Nürnberg—München

sowie die zwei großen West—Ost-Linien:

Köln—Essen—Hannover—Berlin—Breslau und

Karlsruhe—Stuttgart—Ulm—München—Salzburg (Landesgrenze).

Die Gesamtkosten der Reichsautobahnen werden mit 5 Milliarden RM, also etwa 10 Milliarden Schilling, geschätzt. Ihr Bau stellt eine der gewaltigsten Bauleistungen dar, die die Geschichte der Technik kennt. Die Größe dieses Bauunternehmens kann man in Österreich am besten durch Vergleich mit der größten Bauepoche der großen alten Monarchie in den letzten 50 Jahren, dem Bau der zweiten Eisenbahnverbindung mit Triest ermessen. Damals wurde für den Bau der Pyhrnbahn, Tauernbahn, Karawankenbahn, Wocheinerbahn und der Karstlinie von Görz nach Triest insgesamt ein Baukapital aufgewendet, das rund 600 Millionen Schilling gleichkommt. Die Bausumme der Reichsautobahnen ist also etwa 16mal so groß!

Abb. 11. Reichsautobahn südlich von Frankfurt am Main. Der Abschnitt: Frankfurt a. M.—Mannheim wurde als erste vollendete Teilstrecke am 19. Mai 1935 dem Betriebe übergeben.

Es wird das begreiflich, wenn man erwägt, daß die Verwirklichung dieses gigantischen Fernstraßennetzes nicht nur die Herstellung gewaltigster Kubaturen an Erdarbeiten, Mauern und Belagherstellungen erfordert, sondern überdies auch noch die Ausführung einer ungeheuren Zahl großer teuerer Kunstbauten aller Art. An großen Strombrücken allein sind mehr als 30 auszuführen, darunter über den Rhein 3, den Main 5, den Neckar 3, die Weser 2, die Elbe 4, die Oder 2, die Weichsel 1, die Donau 3, die Isar 2 und den Inn 1 — und dazu noch eine Unzahl anderer großer Brücken über Schluchten und Täler, Flüsse, Kanäle, Eisenbahnen und Straßen — und alle in einer Breite von 20 bis 24 m! Die Zahl der herzustellenden Überfahrtsbrücken und Unterfahrungen geht in die vielen Tausende! Auf je 800 bis 1000 m Strecke der Reichsautobahnen kommt ein Brückenbau!

Bis zum 1. Januar 1936 wurden bereits in Summe 150 Millionen Kubikmeter

Erdbewegung geleistet, das ist das Doppelte des Suezkanalaushubes, der lange Zeit als die gewaltigste Erdarbeit der Menschheitsgeschichte gegolten hat — und bis zum gleichen Zeitpunkt sind rund 7 Millionen Quadratmeter Straßenbeläge fertiggestellt worden (davon 80% Betonbeläge) — die ein Fünfzehntel der Gesamtleistung von rund 105 Millionen Quadratmeter Straßenbeläge darstellen[1]!

Über die Gesamtanlagekosten und die voraussichtliche Rentabilität der Reichsautobahnen sind bisher nur kurze Angaben im Wege vereinzelter Pressemitteilungen bekanntgeworden. Nach Äußerungen, die Reichsbahndirektor Dr. Karl Joseph gelegentlich einer Pressekonferenz abgegeben hat, werden sich, nach gänzlicher Vollendung des Autobahnnetzes, Kostenaufwand und Wirtschaftlichkeit der Reichsautobahnen ungefähr wie folgt stellen[2]:

Tabelle 2. Kostenaufwand und Wirtschaftlichkeit der Reichsautobahnen.
(Zusammengestellt nach Pressemitteilungen von Reichsbahndirektor Dr. Karl Joseph.)

	Milliarden RM	
Gesamtkosten der Reichsautobahnen: 6900 km je 720000 RM..........		5,0
Hiervon ab:		
1. Ersparte Umgehungsstraßen..........	0,5	
2. Sonstige Ausbauersparnisse im Fernstraßennetz 1. und 2. Ordnung, umfassend ca. 20000 km = 1/4 des ganzen Reichsstraßennetzes ..... } 3. Kapitalisierte Ersparnis an Erhaltungskosten im ganzen Reichsstraßennetz infolge Entlastung durch die Reichsautobahnen .... }	1,3	
4. Ersparung an Arbeitslosenunterstützung unmittelbar: 40% der Gesamtkosten	2,0	
5. Analoge Ersparung infolge ausstrahlender Wirkung auf den gesamten Arbeitsmarkt	0,5	
Zusammen (Ersparungen ansonsten unvermeidlicher Ausgaben)		4,3
Somit zusätzl. Kapitalsaufwand infolge Baues d. Reichsautobahnen höchstens		1,0
	RM	
Demnach: Jahreserfordernis für Verzinsung und Tilgung, insgesamt 7%	70 000 000	
Ergibt je Kilometer und Jahr: Erfordernis für Verzinsung und Tilgung rund	10 000	
und „ „ „ Tag: „ „ „ „ „ „	30	
Dazu die Kosten für Erhaltung und Erneuerung der gesamten Anlage: mindestens ebensoviel	30	
Erwartet wird eine Durchschnittseinnahme je Kilometer und Tag von etwa	200	
Die Kosten für Verwaltung, Aufsicht und Betrieb, Sanität und Sicherheit, Abfertigung usw. werden gedeckt durch die Pachteinnahmen für: Tankstellen, Werkstätten, Garagen, Gaststätten usw.		

Daß der Bau eines Straßennetzes von der Größe und Vollkommenheit der Reichsautobahnen auf die Entwicklung des europäischen Kraftfahrwesens nicht ohne starken Einfluß bleiben kann, ist selbstverständlich. Es ist vorauszusehen, daß der Kraftwagenbau im Deutschen Reiche mit der Vollendung des Reichsautobahnnetzes einen gewaltigen Auftrieb in bezug auf Zahl, Billigkeit, Wirtschaftlichkeit und Aktionshalbmesser erfahren wird und daß dieser Auftrieb von hier aus auch in allen Nachbarländern sich sehr fühlbar geltend machen wird.

[1] Dittrich: Bericht über die Straßenbau-Tagung in München, November 1935. Berlin-Charlottenburg: Verlag Forschungs-Gesellschaft für Straßenwesen E. V.

[2] Gubler: Rentabilität der Reichsautobahnen. Die Autostraße, S. 113. Basel. 1935.

Fällt die Vollendung der Reichsautobahnen mit einer Beruhigung und Befriedung Europas zusammen, dann wird dieser Auftrieb so gewaltig sein, daß nur jene Länder vollen Nutzen aus ihm werden ziehen können, die vorausblickend und rechtzeitig begonnen haben, ihr Straßennetz der kommenden Entwicklung anzupassen.

Für Österreich sind die zur Staatsgrenze führenden Reichsautobahnen München—Lindau, München—Salzburg und Nürnberg—Passau von besonderer Bedeutung. Im Bauprogramm des Deutschen Reiches ist vorgesehen, daß München—Salzburg 1937 und Nürnberg—Passau 1938 dem Betriebe übergeben werden sollen!

Fernstraßenpläne der Schweiz.

Es ist gewiß kein Zufall, daß der Fernstraßenbau gerade in Italien und im Deutschen Reiche am großzügigsten vor sich geht — zielbewußt und streng einheitlich —, denn in beiden Staaten ist die Möglichkeit für die Verwirklichung weitblickender Pläne durch die starke autoritäre Staatsführung, die vom Willen des ganzen Volkes getragen wird, sinnfällig gegeben. Viel schwieriger liegen in diesem Belange die Verhältnisse in der Schweiz, die zwischen den beiden großen Führerstaaten gelegen ist und naturgemäß trachten muß, deren Fernstraßennetze in angemessener Weise über das eigene Staatsgebiet hinweg zu verbinden. Sie wird in der Verwirklichung einheitlicher Pläne durch ihre kantonale Verfassung stark gehemmt und so ist es erklärlich, daß dort die Initiative zur Schaffung eines großzügigen Fernstraßennetzes von privater Seite ausgegangen ist.

Der Schweizerische Autostraßen-Verein (S. A. V.) mit dem Sitze in Basel wurde 1927 gegründet und „hat zum Zwecke, durch Studien und durch Vorschläge bei den Behörden dahin zu wirken, daß dem wachsenden nationalen und internationalen Automobilverkehr ein zweckmäßig angelegtes Hauptstraßennetz zur Verfügung gestellt werde“. Dem Vereine gehören als Mitglieder zahlreiche Kantone, Stadt- und Landgemeinden, eidgenössische und kantonale Wirtschaftskörper, Verbände zur Förderung des Verkehres und der Wirtschaft, die Handels- und Gewerbekammern, Industrien, Finanzinstitute und endlich zahlreiche angesehene Einzelpersonen an. Der S. A. V. hat sich durch Aufstellung von Richtlinien, Normalien und Normalpreistabellen für den Ausbau der Fernverkehrsstraßen und durch die Herausgabe seiner Zeitschrift „Die Autostraße“ große Verdienste um die Schaffung einheitlicher Grundlagen für den Ausbau des schweizerischen Fernstraßennetzes und um die Abklärung des ganzen Fragenkomplexes erworben. Hierbei ist er allerdings auch in manchen Belangen auf den Widerspruch der „Vereinigung schweizerischer Straßenfachmänner“ und der „Baudirektorenkonferenz“ gestoßen[1], nach deren Ansicht das von ihm vorgeschlagene Fernstraßennetz von mehr als 3000 km Länge als zu groß und die zugehörigen Normalien und Richtlinien in manchen Punkten als zu bescheiden bezeichnet werden.

Um die technischen und wirtschaftlichen Grundlagen des ins Auge gefaßten Fernstraßennetzes klarer erfassen und beurteilen zu können, gab der S. A. V. die sorgfältige Ausarbeitung genereller Projekte für 190 km Fernstraßen unter tunlichster Benutzung der bestehenden Straßenzüge bei vier bekannten schweizerischen Zivilingenieurbüros in Auftrag[2], und zwar für die Strecken: Basel—Olten—Bern und Basel—Brugg—Zürich. Projektierende waren unter zentraler Leitung der verkehrstechnischen Kommission des S. A. V. die Ingenieurbüros Rapp (Basel), Losinger (Bern), Steiner (Bern) und Frick (Zürich). Die Hauptergebnisse dieser Projekts-

[1] Schweizerische Zeitschrift für Straßenwesen, Nr. 21. 1932.

[2] Vgl. Die Autostraße, Heft 4 f. Basel. 1932. — Schweizerische Bauzeitung, S. 215 f., 1. Halbj. 1933.

arbeiten, die auf der Grundlage der ausgezeichneten schweizerischen Siegfriedkarte 1 : 25000 unter Ergänzung durch örtliche Erhebungen durchgeführt wurden, sind in Tabelle 3 zusammengestellt.

Tabelle 3. Ergebnis der generellen Fernstraßen-Projektierungsarbeiten des S. A. V.

Teilstrecke	Gesamtlänge in km	Ausbau in %	Neubau in %	Gesamtkosten in Fr.	Kosten je 1 km in Fr.
Basel—Olten...	42	55	45	14 960 000	357 000
Olten—Bern ...	63	64	36	19 240 000	307 000
Basel—Brugg ..	52	66	34	12 070 000	287 000
Brugg—Zürich .	31	60	40	15 595 000	568 000

Nach diesen Projekten, denen ein Regelquerschnitt wie in Abb. 1, Fig. 2 zugrunde gelegt war, stellt sich 1 km Fernstraße — wenn man von der zum größten Teile den Charakter einer großstädtischen Ausfallstraße tragenden Linie Zürich—Brugg absieht — im Mittel auf 300000 schw. Fr. Eine kritische Beurteilung zeigt aber, daß die Ursache der verhältnismäßig hohen Kosten dieser und ähnlicher anderer Projekte augenscheinlich in einer zu eisenbahnmäßigen Linienführung der Straßen zu suchen ist. Es ist nicht nötig, die Neigungen und Krümmungen einer Fernstraße in schwierigerem Gelände eisenbahnartig zu gestalten; das führt zu übermäßig großen, teuren Kunstbauten (s. z. B. den Viadukt über das Tal der Bünz, 470 m lang, 25 m hoch!) und entspricht nicht der Eigenart des Kraftwagens, der keine oder nur eine relativ geringe Anhängelast zu ziehen hat. Gerade dieser Umstand befähigt ihn ja, auch große Steigungen mühelos zu bewältigen und verhältnismäßig scharfe Krümmungen anstandslos zu befahren, und dies vor allem deshalb, weil es ihm im Gegensatz zum schwerbelasteten Lokomotivzug ein leichtes ist, seine Geschwindigkeit elastisch den jeweiligen Neigungs- und Krümmungsverhältnissen der Straße anzupassen[1].

Abb. 12. Fernstraße: Zürich—Winterthur. Mit Radfahrwegen und Gehwegen beiderseits der Fahrbahn. Die in der Mitte liegende 3·00 m breite Überholungsbahn ist in hellerem Steinmateriale gepflastert. Breitenmaße: (1·50 + 1·50) + 9·00 + (1·50 + 1·50).

Fertig ausgebaut im Sinne der angeführten Grundsätze sind in der Schweiz zur Zeit allerdings nur einzelne kurze Straßenstücke, wie z. B. die Strecken Zürich—Winterthur, Zürich—Dietikon und Solothurn—Grenchen. Der Baubeginn des geplanten 12 km langen Montblanc-Straßentunnels von Chamonix (im Arvetal) nach Entreves (im Doratal) zur unmittelbaren, ganzjährigen Verbindung Mittelfrankreichs mit der lombardischen Ebene (der Tunnel liegt nahezu genau in der Luftlinie Paris—Turin bzw. Mailand) wird aber sicherlich ein starker Anstoß für den

[1] S. Richtlinien für die Anlage und die Linienführung neuzeitlicher Straßen mit gemischtem Verkehr. Wien: Verlag d. Verbandes d. österr. Straßengesellschaften.

baldigen Ausbau des schweizerischen Fernstraßennetzes sein; denn der Montblanc-Straßentunnel ist in hohem Maße geeignet, den internationalen Reiseverkehr vom schweizerischen Staatsgebiet abzulenken und wird daher sicherlich von seiten der Schweiz verkehrstechnische Gegenmaßnahmen auslösen.

Fernstraßenpläne im übrigen Europa.

Von den Weststaaten des europäischen Kontinents ist kurz zu sagen, daß sie sich im wesentlichen abwartend verhalten; Ursache ist einerseits die große Güte und Dichte der dort bestehenden Straßennetze und anderseits die demokratische Verfassung dieser Staaten, die den divergierenden Einzelkräften im Lande einen sehr großen Spielraum gewährt und dadurch die Verwirklichung großzügiger Pläne, die im gesamtstaatlichen Interesse gelegen sind, empfindlich hemmt. Es ist interessant, hier auf den sprunghaften und mustergültigen neuzeitlichen Ausbau hinzuweisen, den das spanische Hauptstraßennetz 1925 bis 1932 unter der Diktatur Primo de Riveras erfahren und der dazu geführt hat, daß die bis dahin arg vernachlässigten spanischen Hauptverkehrsstraßen nun von jedem Autotouristen nur in Worten des höchsten Lobes genannt werden. Der Ausbau erstreckte sich nicht nur auf die Schaffung eines staubfreien Belages, sondern sehr wesentlich auch auf die Beseitigung zahlreicher Plankreuzungen mit Eisenbahnen, die Schaffung von Umfahrungsstraßen an Stelle enger Ortsdurchfahrten und auf eine geradezu vorbildliche Ausgestaltung der Straßenkrümmungen.

In England sind in letzter Zeit einzelne Straßenzüge, wie: London—Kanalküste, Liverpool—Manchester, Glasgow—Edinburgh u. a. m. durch Verbreiterung der Fahrbahn und Durchführung von Korrektionen zu leistungsfähigen Hauptverkehrsstraßen ausgebaut worden. Seitens der Straßenbenützer wird das aber lediglich als ein bescheidener und vollkommen unzureichender Anfang gewertet. So fordert der „Schutzverband der Fußgeher“ unter Hinweis auf das erschreckende Ansteigen der Verkehrsunfälle den Bau eines Netzes von rund 3000 km reiner Autobahnen — und parallel damit steht in weiten Kreisen Englands — unter Führung des Vorkämpfers für Großplanungen im Straßenwesen, Mr. Rees Jeffreys — der Bau moderner Autobahnen nach den wichtigsten Zentren des Landes in ernstester Erwägung.[1]

Holland besitzt derzeit erst eine reine Kraftwagenstraße: von Amsterdam nach Den Haag. Belgien wird noch im Jahre 1936 die bestehende Straße Brüssel—Ostende zur Fernstraße ausbauen, und zwar nach Grundsätzen, die ziemlich genau jenen der Schweizer Richtlinien entsprechen. Der Bau von Autobahnen nach deutschem Muster steht aber gegenwärtig in Belgien auf der Tagesordnung aller verkehrstechnischen Erwägungen. Die Verwaltung der öffentlichen Arbeiten beschäftigt sich deshalb mit Studien technischer und wirtschaftlicher Art, die das Ziel verfolgen, zwischen Brüssel und Ostende überdies eine vollkommen neue Autobahn hoher Leistungsfähigkeit anzulegen.

In Frankreich befinden sich gegenwärtig die Pariser Ausfallstraßen von St. Cloud nordwestlich durch den Wald von Marly nach Chambourcy und südwestlich nach Trappes als vollkommen plankreuzungsfreie Autobahnen mit 24 m Breite im Bau. Sie sind zur Aufnahme des Verkehres bestimmt, der von Paris einerseits in der Richtung zur Kanalküste (Rouen, Dieppe, Le Havre) und anderseits zum Atlantischen Ozean (Angers, Nantes) ausstrahlt[2].

[1] Krüger: Der Autobahngedanke in Frankreich und England. — Verkehrstechnik, S. 13f. Berlin 1936.

[2] La première autostrade de France. Die Autostraße, S. 76. Basel. 1936. Pariser Ausfallstraßen. Der Straßenbau, S. 177f. Halle a. d. Saale. 1936.

Im Südosten Frankreichs steht gegenwärtig der Bau einer rund 250 km langen Autobahn von Lyon zum Genfer See mit wahrhaft großzügigen Anlageverhältnissen in Erwägung. Sie wird im Falle ihrer Verwirklichung, durch den Bau des Montblanc-Straßentunnels einen verkehrstechnisch hoch bedeutsamen Anschluß an das italienische Autobahnnetz gewinnen. Im übrigen aber will Frankreich seine Hauptverkehrsstraßen zwecks Hebung der Verkehrssicherheit, Bequemlichkeit und Geschwindigkeit auf 9,00 m Breite der befestigten Fahrbahn ausbauen[1].

In der Tschechoslowakischen Republik wird amtlich der Bau einer rund 700 km langen und mindestens 18 m breiten Autobahn von Pilsen über Tabor—Iglau—Brünn—Kremsier—Sillein nach Kaschau erwogen, dem zweifellos nicht nur eine wirtschaftliche, sondern auch eine erhebliche strategische Bedeutung zukommt.

Die Balkanstaaten endlich denken in Anbetracht ihrer dünnen Besiedlung natürlich nicht an den Bau reiner Autobahnen nach deutschem oder italienischem Muster; sie unterscheiden aber sehr deutlich zwischen gewöhnlichen Landstraßen und Fernstraßen und haben erkannt, daß für die letztgenannten die bisher übliche Fahrbahnbreite von 5 bis 6 m zu gering ist. In Bulgarien[2] wurde für alle Fernstraßen die Mindestfahrbahnbreite mit 9 m behördlich festgelegt; in Jugoslawien ist Ähnliches in Aussicht genommen. Es beabsichtigt noch im Jahre 1936 einen Kredit von mehr als einer halben Milliarde Dinar für Straßenbauzwecke bereitzustellen und damit den großzügigen Ausbau von rund 800 km Fernstraßen in Angriff zu nehmen — darunter in erster Linie den Ausbau der dortigen Teilstrecke der transeuropäischen Durchzugsstraße London—Konstantinopel.

III. Transkontinentale Durchzugsstraßen.

Die transeuropäische Durchzugsstraße: London—Konstantinopel.

Bei dem geschilderten Stande des europäischen Straßenwesens und in der gegenwärtigen Zeit, in der Zahl, Güte, Zuverlässigkeit, Leistungsfähigkeit und Betriebswirtschaftlichkeit der Kraftwagen in stärkster Aufwärtsentwicklung begriffen sind, ist es nicht verwunderlich, daß Bestrebungen Wirklichkeit gewinnen, die noch vor kurzem als Utopien angesehen worden sind. Hier ist vor allem die Schaffung einer großen transeuropäischen Durchzugsstraße von London nach Konstantinopel zu nennen. Die Anregung hierzu ist 1930 von der Automobile Association in London ausgegangen und hat durch die im September 1935 in Budapest abgehaltene Tagung der Alliance internationale de Tourisme eine vielversprechende Förderung erhalten.

Das Ziel dieser Bestrebungen ist die Schaffung einer in der baulichen Anlage und der Art der Signalzeichen möglichst einheitlichen und für Kraftwagen gut fahrbaren Fernstraße, bei der es nirgends an den notwendigen Unterkünften, Garagen, Tankstellen und sonstigen Hilfseinrichtungen fehlt und bei der alle Behinderungen durch Zoll und Visum auf das unvermeidliche Kleinstmaß herabgesetzt werden. Sie hat — ohne die 35 km betragende Seestrecke von Dover nach Calais — eine Länge von etwa 3100 km, die sich auf die einzelnen Länder Europas wie folgt verteilen:

England	120 km	Deutschland	710 km	Jugoslawien	570 km
Frankreich	60 „	Österreich	330 „	Bulgarien	360 „
Belgien............	300 „	Ungarn	380 „	Türkei	270 „

[1] Steinitz: Die Anpassung der französischen Straßen an den Autoverkehr. Die Autostraße, S. 10. Basel. 1936.

[2] S. die Verhandlungsschrift über die im September 1935 in Budapest abgehaltene Tagung der „Alliance internationale de Tourisme“, betreffend die transeuropäische Durchzugsstraße: London—Istanbul.

Diese quer durch ganz Europa führende internationale Durchzugsstraße, deren Auswirkung für den Handels-, Reise- und Fremdenverkehr aller durchfahrenen Länder von großer Tragweite sein wird, stellt zugleich den Beginn der Entstehung eines transkontinentalen Straßennetzes dar, das dazu bestimmt ist, in seinem weiteren

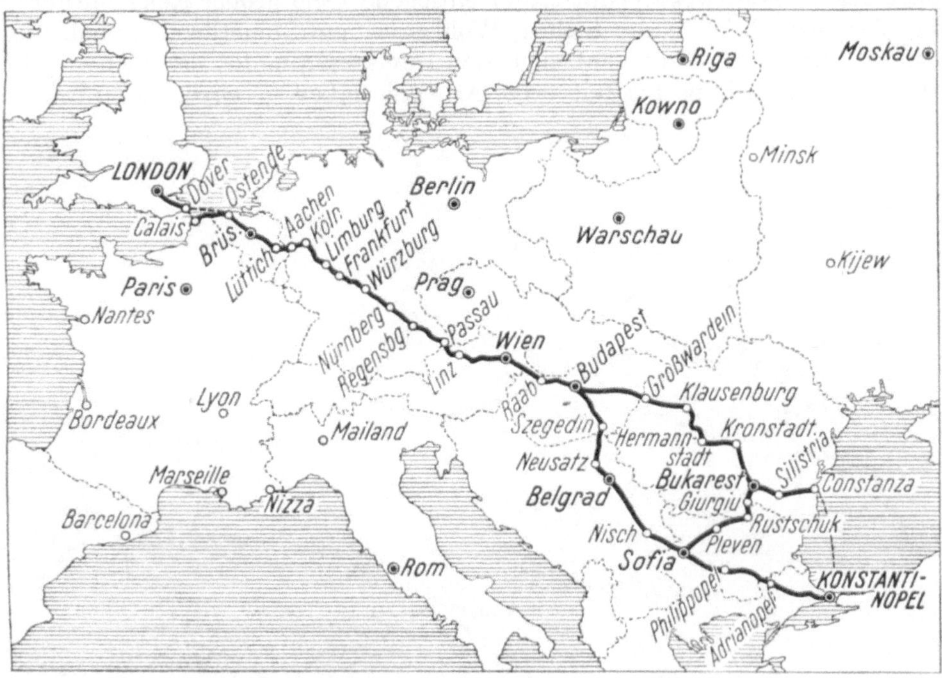

Abb. 13. Die transeuropäische Durchzugsstraße: London—Konstantinopel.

Ausbau die drei Erdteile Europa, Afrika und Asien zu erfassen und sie einander kulturell und verkehrswirtschaftlich näherzubringen.

Die Welt-Kraftwagenstraßen: London—Tokio, London—Singapore, Hammerfest—Kapstadt.

Drei Welt-Kraftwagenstraßen sind es, die in den nächsten Jahrzehnten der Verwirklichung zugeführt werden sollen. Die Ostasienstraße: London—Tokio; die Afrikastraße: Hammerfest—Kapstadt und die Indien—Australien-Straße: London—Singapore. Während die beiden großen West—Ost- und Nord—Süd-Linien die gewaltigsten Rohstoffgebiete und Bodenschätze der alten Welt berühren (Eisen, Kupfer, Blei, Silber, Gold, Platin, Edelsteine, Kohle, Holz, Salpeter, Erdöl, Gummi, Baumwolle, Getreide, Felle, tierische Produkte usw.), verbindet die diagonal verlaufende Europa—Indien-Straße die Gebiete dichtester Besiedlung und ältester Kultur. Dabei kürzt sie den bisherigen Reiseweg — den Seeweg — nach Indien, China und Australien in ganz gewaltiger Weise ab.

Sind das nun Utopien oder reale Möglichkeiten einer nahen Zukunft? Seit den Zeiten des persischen Weltreiches und des alten Römerreiches über Napoleon bis zur Gegenwart waren für den Bau und die Verbesserung der Verkehrswege im wesentlichen immer drei Kräfte treibend: Kriegsbereitschaft, innere Politik und Handel. Sie sind heute genau so wirksam wie ehedem! Was Straßen und Kraftwagentransporte für die moderne Kriegsbereitschaft bedeuten, haben uns sinnfällig die täglichen Berichte über die Vorgänge am abessinischen Kriegsschauplatz bewiesen, zeigt uns deutlich der Eifer, mit dem Rußland und Japan in Ostasien am Werke sind, um neue große Straßenbaupläne der Verwirklichung zuzuführen, und hat uns ebenso der französische Generalstabsbericht über den dramatischesten Akt des Weltkrieges: die Marneschlacht, gelehrt. Innere Politik und Handel aber haben seit jeher der Verkehrswege bedurft, um entlegene Teile großer Reiche fester an das Staatsgebiet anzuschließen, um Kultur, Wohlstand und Steuerkraft zu heben und — in neuester Zeit — um den segenbringenden Devisenstrom des Fremdenverkehres zu fördern und die Geißel unserer Zeit — die Arbeitslosigkeit — wirksam zu bekämpfen.

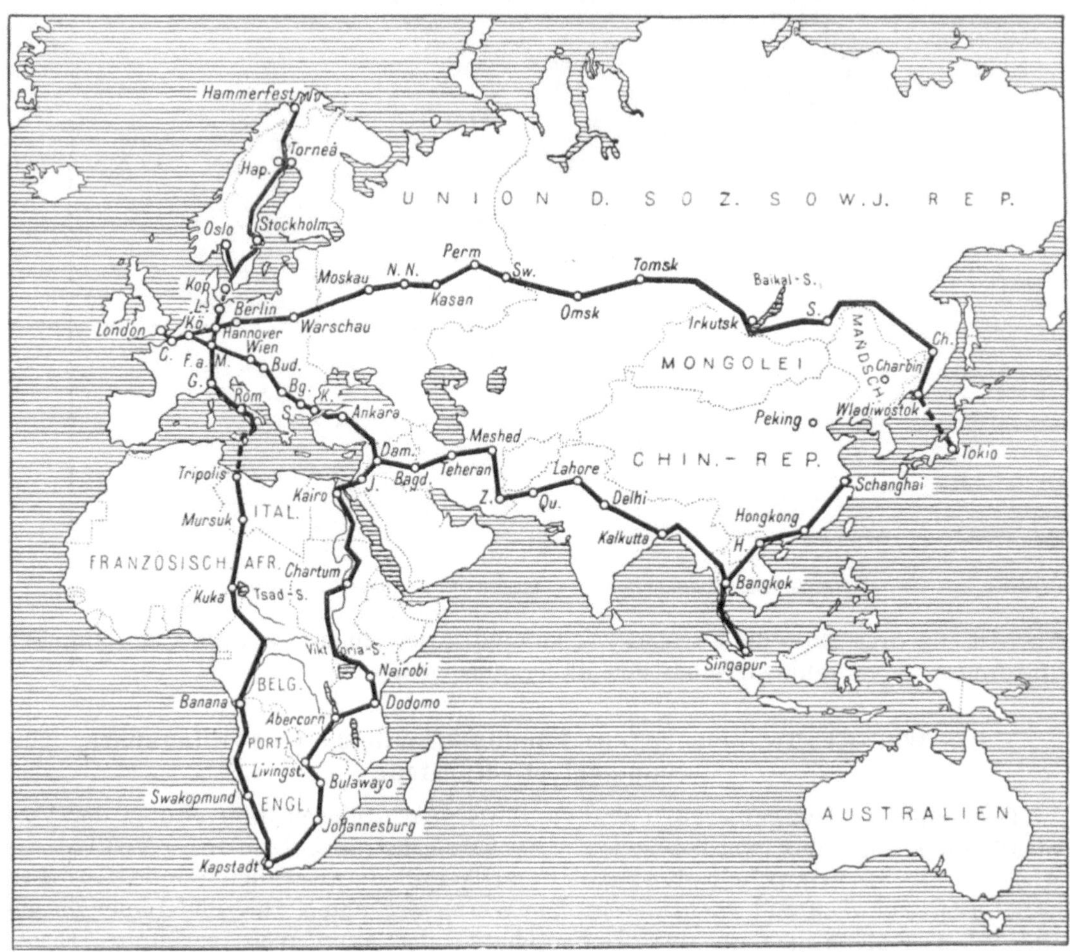

Abb. 14. Die Welt-Kraftwagenstraßen: London—Tokio, London—Singapore, Hammerfest—Kapstadt.

So ist es kein Wunder, daß uns die Wirtschaftsberichte der weiten Kontinente, durch die die angeführten Welt-Kraftwagenstraßen dereinst führen sollen, immer wieder von neuem Kenntnis von großzügigen Maßnahmen und Plänen geben, die auf dem Gebiete des Straßenbaues zu verzeichnen sind. Die Mandschuregierung hat 1933 einen Zehnjahrplan für die Erbauung von rund 60000 km neuer Straßen beschlossen und hierfür zunächst 30 Millionen Yuan (1 Yuan = 2 Schilling) als erste Baurate bereitgestellt; die neue Türkei baut seit einem Jahrzehnt unter Kemal Pascha zielbewußt und großzügig am Ausbau seines Straßennetzes; Syrien verfügt schon heute, dank englischem und französischem Einfluß, über ein gut angelegtes Netz modernster Straßen, dessen Ausstrahlungspunkt Damaskus ist. Von hier aus besteht bereits seit einigen Jahren eine fahrplanmäßige, sehr befriedigende und mit allen Bequemlichkeiten der Neuzeit eingerichtete Autobusverbindung quer durch die syrische Wüste nach dem 800 km entfernten Bagdad, und nahezu mit der gleichen Regelmäßigkeit und Selbstverständlichkeit fährt man heute schon von Bagdad weiter nach Teheran. Iran — das neue Persien — aber hat in den letzten 6 Jahren Erstaunliches auf dem Gebiete des Straßenbaues geleistet; es arbeitet gegenwärtig an der Schaffung eines Straßennetzes von mehr als 17000 km Länge. Heute schon kann man vom Kaspischen Meer die 3000 km messende Entfernung bis zur indischen Grenze in wenigen Tagen mit dem Kraftwagen zurücklegen — eine Strecke, zu der man früher im Karawanenweg 2 bis 3 Monate benötigt hat. Von Indien aber wissen wir, daß jeder Maharadscha über einen luxuriösen Autopark verfügt und daß sich sein Straßenwesen unter englischer Führung der verständnisvollsten Obsorge erfreut. Die große Durchgangsstraße von der persischen Grenze über Lahore, Delhi und Benares nach Kalkutta ist heute schon in gutem Zustand, und auch weiter nach Osten, auf der Linie durch Burma nach Rangon, Bangkok und Singapur sind bereits Tausende von Straßenkilometern mit guten Decken versehen![1]

Freilich kommt es bei all diesen Schöpfungen der morgenländischen Technik nicht nur auf den Bau, sondern ganz wesentlich auch darauf an, das Geschaffene verständnisvoll mit nie erlahmender Obsorge betriebsfähig zu erhalten. Und gerade das erst ist der wahre Prüfstein dafür, ob in einem Lande der Geist des Fortschrittes und der wahren Kultur dauernd Wurzel gefaßt hat. Es liegt aber kein Anzeichen vor, das uns berechtigen würde, daran zu zweifeln, daß auch in den neu aufstrebenden Staaten Asiens dieser Forderung wahrer Zivilisation ausreichend entsprochen werden wird.

Wenn wir all das bedenken, dann ist es klar, daß es kurzsichtig wäre, die Fernstraßenpläne London—Tokio und London—Singapore als Utopien zu bezeichnen! Sie sind lebendige, im Werden begriffene Wirklichkeiten! Und wer sie als utopisch bezeichnet, an dem muß die Gegenwartsentwicklung der Technik, der Werdegang des Flugwesens, des Unterseebootbaues, der Radiotechnik und der synthetischen Erzeugung von Ersatzstoffen für Gummi, Benzin und andere lebenswichtige Güter eindruckslos vorbeigegangen sein. Die Technik der Gegenwart befindet sich in einer geradezu dynamischen Entwicklung; für sie gibt es keine Unmöglichkeiten! Die Utopien von heute sind lediglich die Wirklichkeiten von morgen!

Abb. 14 zeigt für die Afrikastraße zwei Varianten: die italienische im Westen und die englische im Osten des schwarzen Erdteiles. Die westliche Linie führt im Anschluß an das italienische Autobahnnetz von Tripolis durch Lybien und Französisch-Äquatorialafrika zum Tsadsee und weiter zum Kongo; von hier zieht sie sodann der afrikanischen Westküste entlang zuerst durch belgisch-portugiesisches Gebiet und dann durch das ehemalige Deutsch-Südwestafrika zur Südafrikanischen Union und nach Kapstadt. Die östliche Linie dagegen zweigt in Damaskus von der Europa—Indien-Straße ab und führt über Jerusalem, Suez, Kairo nilaufwärts durch den Sudan zum Viktoriasee und sodann mehr oder weniger nahe der afrikanischen Ostküste durch das ehemalige Deutsch-Ostafrika zum Tanganjikasee und weiter über Rhodesien und durch die Südafrikanische Union nach Kapstadt. Diese Linie liegt ab Suez in ihrer ganzen Länge auf englischem Einflußgebiet und hat deshalb wohl die größere Aussicht, zuerst verwirklicht zu werden. In allen Kolonialgebieten Afrikas aber wächst heute von Jahr zu Jahr das Straßennetz. Regelmäßig betriebene Personen- und Güterkraftfahrlinien stehen überall in Betrieb. Sogar der Neubau von Eisenbahnlinien ist unter der Konkurrenz des Kraftwagens, mit dem verderbliche Güter rascher und individuell besser zum Hafenplatz gebracht werden, zum Stillstand gekommen. So ist es also auch in Afrika nur eine Frage der Zeit, wann die vorläufig

[1] Krüger: Indisches Straßenwesen. Die Straße, S 70f. Berlin. 1935.

noch isolierten Straßenzüge sich zu einem zusammenhängenden Straßennetz zusammenschließen werden und dadurch die große afrikanische Nord—Süd-Straße Wirklichkeit gewinnen lassen!

Die wichtigsten Entfernungen im Zuge der Europa—Indien- und Europa—Afrika-Straße sind aus der Aufstellung der Tabelle 4 zu entnehmen[1].

Tabelle 4. Entfernungen von **London** im Zuge der Welt-Kraftwagenstraßen.

Europa—Indien	km	Europa—Afrika	km
nach Wien	1500		
Konstantinopel .	3100		
Damaskus	4900	nach Damaskus	4900
Bagdad	5700	Kairo	5800
Teheran........	6700	Chartum	8100
Lahore.........	10000	Nairobi	11000
Kalkutta	12000	Johannesburg .	16000
Singapore	15500	Kapstadt	17500

Nach Vollendung dieser transkontinentalen Straßenzüge werden die drei alten Kontinente einander bedeutend nähergerückt sein. Eine Kraftwagenfahrt von Wien nach Bagdad wird leicht in 7 Tagen vollzogen und Indien wird bequem in 14tägiger Fahrzeit erreicht werden können. Sportliche Langstreckenfahrer aber werden die ganze Strecke London—Lahore mit einem starken Tourenwagen in 9 bis 10 Tagen zurücklegen können!

IV. Grundlagen für die Planung von Fernstraßennetzen.

Die Fernstraßennetze der einzelnen Staaten unseres Kontinentes werden sich allmählich zu einem großen europäischen Fernstraßennetz zusammenschließen, dem sodann im zwischenstaatlichen Verkehr eine fortgesetzt ansteigende Bedeutung zukommen wird. Sowohl die internationale Handelskammer als auch die Verkehrskommission des Völkerbundes haben der Schaffung eines derartigen internationalen Fernstraßennetzes ihre Aufmerksamkeit und manche fördernde Vorarbeit gewidmet, und es bestehen auch bereits verschiedene Entwürfe (Karte, Skizzen) für die Liniengestaltung derartiger, ganz Europa umspannender Straßennetze (Puricelli, Stück, Internationale Vereinigung der anerkannten Automobil-Clubs usw.)[2]. Diesen Skizzen kommt aber natürlich keinerlei bindende Kraft zu, da jeder einzelne Staat völlig autonom seine Entschlüsse über Linienführung und Ausbauart zu fassen und für die Kosten seines Fernstraßennetzes aufzukommen hat.

Entschlüsse dieser Art sind überaus verantwortungsvoll und schwerwiegend! Sie müssen mit dem Blick auf viele Jahrzehnte voraus gefaßt und der besonderen Eigenart des Landes verständnisvoll angepaßt werden. Wesentlichen Einfluß nehmen: Die geographische und kulturelle Eigenart des Landes, seine Bevölkerungsdichte und wirtschaftliche Struktur, die Dichte des Straßennetzes und des Straßenverkehres und endlich die Erfordernisse der Landesverteidigung.

[1] S. hierzu Elischer: Die interkontinentale Straße London—Capetown, London—Kalkutta. Jb. f. d. Straßenwesen in Österreich 1933.

[2] Jonasz: Das europäische Autobahnnetz nach dem Vorschlag von Senator Puricelli (Gesamtlänge 37176 km). Verkehrstechnik, S. 188. Berlin. 1934. — Puricelli: Entwurf für ein europäisches Autostraßennetz. — Stück: Deutschland im Netz internationaler Autobahnen. Die Straße, S. 42—47. Berlin. 1934. — Greiner: Die internationalen Straßen für den Automobilverkehr. Die Autostraße, S. 104. Basel. 1933.

Es wird somit die besondere Art und Gestaltung der Fernstraßen — im Gegensatz zur Schaffung internationaler Eisenbahnlinien — von Land zu Land individuell sehr verschieden gestaltet werden müssen, und es ist das auch zulässig, weil die Straßenfahrzeuge im Gegensatz zu den Eisenbahnbetriebsmitteln eine nahezu unbeschränkte Anpassungsfähigkeit an die jeweils sich vorfindende Eigenart der Fahrbahngestaltung besitzen.

Bevölkerungs- und Kraftwagendichte in Europa und in U. S. A.

Tabelle 5 gibt einen Überblick über die gegenwärtige Bevölkerungs- und Kraftwagendichte der wichtigsten europäischen Staaten.

Tabelle 5. Bevölkerungsdichte und Kraftwagendichte in den europäischen Staaten und in U. S. A. im Jahre 1935.

Bewohner auf 1 km²		Kraftwagen auf 100 km²		Kraftwagen auf 1000 Einwohner	
Belgien	267	Großbritannien	712	Frankreich	45
Holland	244	Belgien	623	Großbritannien	38
Großbritannien	187	Holland	421	Schweden	24
Deutsches Reich	140	Frankreich	343	Belgien	23
Italien	137	Deutsches Reich	222	Schweiz	22
Č. S. R.	104	Schweiz	218	Holland	17
Schweiz	100	Italien	121	Deutsches Reich	16
Ungarn	95	Č. S. R.	83	Italien	9
Polen	82	**Österreich**	**48**	Č. S. R.	8
Österreich	**78**	Spanien	34	Spanien	7
Frankreich	75	Schweden	30	**Österreich**	**6**
Rumänien	61	Ungarn	14	Ungarn	1,5
Bulgarien	53	Rumänien	10	Rumänien	1,5
Jugoslawien	52	Polen	6	Jugoslawien	1
Spanien	47	Jugoslawien	5	Polen	0,8
Schweden	14	Bulgarien	3	Bulgarien	0,6
U. S. A.	**16**	**U. S. A.**	**200**	**U. S. A.**	**125**

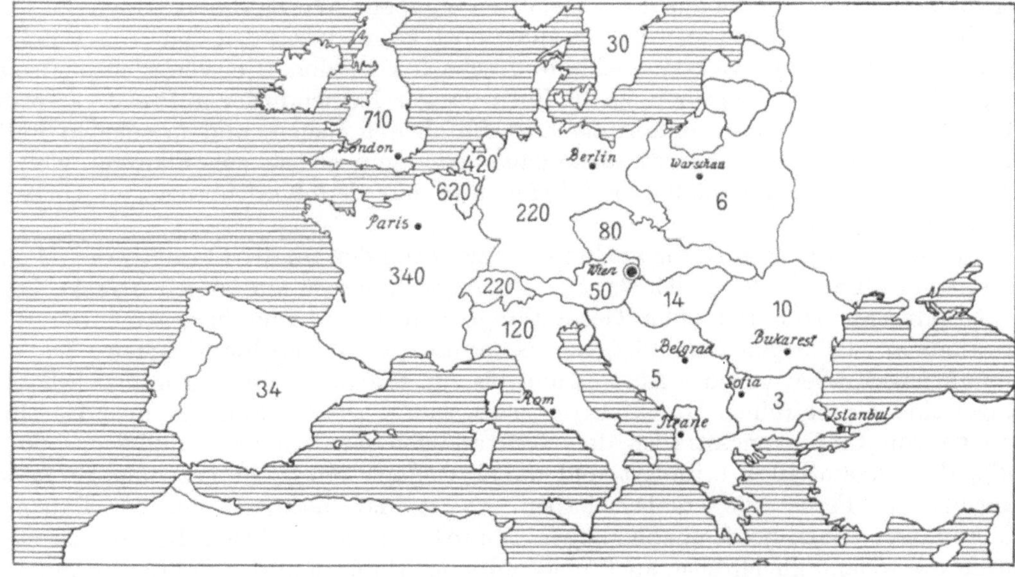

Abb. 15. Zahl der Personen und Lastkraftwagen je 100 km² Gebietsfläche (1935).

Die Extremwerte verhalten sich abgerundet in Bezug auf die

Bevölkerungsdichte	wie	1 : 20
Kraftwagenzahl je km²	,,	1 : 240
,, ,, Einwohner	,,	1 : 75

Es ist klar, daß bei derartigen Verschiedenheiten nicht eine einzige, bestimmte Art der Fernstraßengestaltung für alle Länder die technisch und wirtschaftlich richtige sein kann!

Aus Abb. 15 ist die auf die Gebietsfläche der europäischen Staaten bezogene Kraftwagendichte (Ende 1935) ersichtlich. Das Bild zeigt sinnfällig den ungeheuren Unterschied, der zwischen den West- und den Oststaaten Europas besteht. Sie werden in Bezug auf die Kraftwagendichte durch eine deutliche Bruchlinie voneinander geschieden, die ungefähr vom polnischen Korridor durch die Tschechoslowakische Republik und Österreich zur Adria verläuft. Die Lage Österreichs auf dieser Bruchlinie weist eindringlich darauf hin, daß es sich der Schaffung besonderer Fernstraßen, wie solche von seinen nördlichen, westlichen und südlichen Nachbarn erbaut werden, wohl auf die Dauer nicht wird entziehen können, das es dabei aber andere, seiner wirtschaftlichen Kraft und Eigenart entsprechend angepaßte Grundsätze wird walten lassen müssen. Hierbei kommt für die einzelnen Staaten natürlich nicht nur der Verkehr der eigenen Kraftwagen, sondern auch die Verkehrsausstrahlung der benachbarten Länder und der von der Fremdenverkehrswerbung zusätzlich gewonnene Verkehr aus dem ferneren Ausland sehr wesentlich mit in Betracht.

Einfluß der Eigenart der Besiedlung.

Die Bevölkerungsdichte nimmt durch die Eigenart der Besiedlung einen bestimmenden Einfluß auf die Lösung der Fernstraßenfrage. Zu den empfindlichsten Hemmungen des Durchzugsverkehres gehören die Ortsdurchfahrten mit ihrer Enge und Unübersichtlichkeit, den zahlreichen Plankreuzungen mit Querstraßen, der Behinderung durch parkende Fahrzeuge und ungenügend beaufsichtigte Haustiere, sowie den Gefahren, die sich aus der Bevölkerung der Straße mit Radfahrern, Fußgehern und spielenden Kindern und aus den oftmals recht unachtsamen Ausfahrten der Wirtschaftsfuhrwerke aus ihren Gehöften ergeben. Wo Zahl und Länge der Ortsdurchfahrten verhältnismäßig gering sind, dort kann durch den Bau von Umfahrungsstraßen eine wirksame Abhilfe geschaffen werden. Bei sehr dichter Besiedlung jedoch — besonders wenn sie die Form langer Reihendörfer aufweist — versagt dieses Mittel. Es müßte Umfahrung auf Umfahrung folgen, und in solchen Fällen führt das Studium der Fernstraßenanlage ganz von selbst zur Planung gänzlich neuer, vollkommen unabhängig geführter und nur den Kraftfahrzeugen vorbehaltenen Autobahnen.

Typisch hierfür ist z. B. die Verbindung zwischen den Städten Frankfurt a. M. und Mannheim über die alte Reichsstraße. Im Zuge dieser 85 km langen Strecke liegen 21 Ortsdurchfahrten mit einer Gesamtlänge von 41 km und insgesamt 180 Plankreuzungen. Es liegen also 48% der Gesamtlänge in Ortsdurchfahrten. Da aber Umfahrungsstraßen von der Abzweigung bis zur Wiedereinbindung immer erheblich länger sind als die reinen Durchfahrten, so würde in diesem Falle die grundsätzliche Anlage von Umfahrungsstraßen den vollständigen Neubau von mindestens 60 bis 70% der Gesamtlänge erfordert und dabei vielfach eine sehr gezwungene Linienführung der Fernstraße ergeben haben. Es ist klar, daß hier nur der Bau einer vollkommen neuen und unabhängigen Autobahn die richtige Lösung darstellt, durch die sodann gleichzeitig auch eine radikale Abkürzung der Fahrzeit ermöglicht wird. Diese beträgt von Frankfurt a. M. bis Mannheim über die alte Reichsstraße unter Zugrundelegung einer mittleren Fahrgeschwindigkeit in- und außerhalb der Ortschaften von 30 bzw. 60 km/St. rund 126 Minuten, dagegen auf der Autobahn ($V = 60$ bis 80 km/St.) nur 61 Minuten[1]!

Ein anderes, vielleicht noch typischeres Beispiel für den Einfluß der Besiedlung auf die Fernstraßengestaltung bildet die Reichsautobahnstrecke Duisburg—Dortmund quer durch das industriell so hoch entwickelte Ruhrgebiet. Hier folgt für die Linienführung Engpaß auf Engpaß und Zwangspunkt auf Zwangspunkt! Haupt- und Nebenbahnlinien, Verschub- und Industriegleise, Bergbaubetriebe, Anlagen der Schwerindustrie, Flüsse, Schiffahrts- und Werkskanäle, Stark- und Schwachstromleitungen, Städte, Dörfer und Siedlungen erschweren in ununterbrochener Folge die Linienführung. Auch hier konnte nur durch den Bau einer Autobahn eine befriedigende Lösung auf Generationen hinaus gefunden werden. Bezeichnend ist, daß von der rund 65 km langen Strecke Duisburg—Dortmund nur 9% in Geländehöhe liegen, 91% dagegen im Zuge von Unter- oder Überführungen[2].

Baukosten von Autobahnen und Fernstraßen.

Von weittragendster Bedeutung für den Entschluß in bezug auf die besondere Art des Fernstraßenbaues sind natürlich die auflaufenden Baukosten. Wenngleich diese in hohem Maße von der Eigenart des Geländes und seiner kulturellen Erschließung abhängen, so geben doch schon die bisher bekanntgewordenen Durchschnittskosten recht wertvolle Fingerzeige. In Tabelle 6 sind diese Kosten übersichtlich zusammengestellt:

Tabelle 6. Durchschnittskosten der bisher erbauten oder genauer projektierten Autobahnen und Fernstraßen.

P. Nr.	Fernstraße	Kronenbreite in m	Gelände-Charakter	Kosten je 1 km	
				Fremde Währung	Schilling
1	Bisher vollendete Autobahnstrecken in der Poebene, Turin—Mailand (Seen)—Venedig	11,00	Flachland	Lire 1000000	400000
2	„Camionale“ Genua—Serravalle, 51 km	11,00	Gebirge	Lire 3500000	1400000
3	Kraftwagenstraße Köln—Bonn, 20 km	16,50	Flachland	RM 600000	1250000
4	Reichsautobahnen insgesamt rund 7000 km	24,00	Vorwiegend Flach- und Hügelland	RM 700000	1500000
5	Bern—Olten, Basel—Olten, Basel—Brugg } 156 km	15,00	Hügelland und Mittelgebirge	Schw.Fr. 300000	500000

Aus Tabelle 6 ist ersichtlich, daß die Kosten der Fernstraßen gewaltig hohe sind und daß sie je nach Art des Geländes und des besonderen Ausbaues in sehr weiten Grenzen schwanken. Um so größer ist die Verantwortung in Bezug auf die besondere Wahl der Ausbauart!

Auf den italienischen Autostraßen und den deutschen Reichsautobahnen wird eine nach Art und Stärke des Kraftfahrzeuges abgestufte Benutzungsgebühr eingehoben. Sie beträgt in Italien bei den meisten Autobahnlinien für einen Personen-

[1] S. Die Straße, H. 9. Berlin. 1935.

[2] S. Die Straße, H. 24. Berlin. 1935.

kraftwagen je nach Motorleistung 10 bis 20 Cent je Kilometer und nur bei der Strecke Neapel—Pompeji mit ihren besonders zahlungsfähigen Benutzern 50 bis 60 Cent je Kilometer. Auf den Reichsautobahnen ist für ähnliche Wagen eine Benutzungsgebühr von etwa 20 Pfennig je Kilometer in Aussicht genommen.

Nach dem ursprünglichen Plane Puricellis sollten die italienischen Autobahnen grundsätzlich auf privatwirtschaftlicher Grundlage geschaffen werden. Es wurde erwartet, daß aus den Benutzungsgebühren nicht nur Erhaltung und Betrieb gedeckt werden können, sondern daß die Einnahmen auch noch eine angemessene Verzinsung und Tilgung des Anlagekapitals abwerfen werden. Diese Erwartung hat sich jedoch nicht erfüllt. Die Frequenz der Autobahnlinien war so lange eine befriedigende, als das benachbarte Straßennetz in einem arg vernachlässigten Zustande sich befand. Gleichlaufend mit seiner neuzeitlichen Ausgestaltung wurden aber die Autobahnlinien notleidend, bevor sie noch in ein ertragbringendes, das Anlagekapital verzinsendes und tilgendes Entwicklungsstadium eingetreten waren. Privatwirtschaftlich aktiv ist heute lediglich die 21 km lange Linie Neapel—Pompeji. Die übrigen Autostrade-Gesellschaften sind auf staatliche Hilfe angewiesen und zum Teil — wie die Autostrade Mailand—Seen — schon in Liquidation, zwecks gänzlicher Übernahme durch den Staat. In richtiger Folgerung aus dieser Erfahrung wurde daher auch die jüngste aller italienischen Autobahnlinien, die „Camionale“ von Genua nach Serravalle (1932 bis 1935), unmittelbar aus Staatsmitteln erbaut und in öffentlichen Betrieb genommen.

Die angeführten Tatsachen sprechen natürlich nicht grundsätzlich gegen den Bau von Autobahnlinien, wohl aber gegen ihre Schaffung auf privatwirtschaftlicher Grundlage — und allenfalls auch gegen die Bindung ihrer Benutzung an die Zahlung einer fallweisen Benutzungsgebühr. Die Einhebung derselben verursacht beträchtliche Kosten und behindert sehr wesentlich die freizügige Benutzung der Autobahn. In Ländern mit einem fertig ausgebauten, leistungsfähigen Fernstraßennetz wird es wahrscheinlich zweckmäßiger sein, von der fallweisen Benutzungsgebühr gänzlich Abstand zu nehmen und den dadurch entfallenden Einnahmebetrag von der Gesamtheit der in- und ausländischen Kraftfahrer in vereinfachter Weise wieder hereinzubringen; etwa in der Form einer angemessenen Abgabe entsprechend dem Treibstoffverbrauch, ergänzt durch die Einhebung eines zusätzlichen Jahrespauschales von solchen Kraftwagenbesitzern, die beruflich und regelmäßig das Fernstraßennetz besonders stark befahren. Die Einhebung derartiger Abgaben ist wohl begründet, da der Fernstraßenbenutzer aus der Befahrung dieser besonders günstig gestalteten Verkehrswege erheblichen Nutzen in Form von Betriebskostenersparnissen zieht!

V. Das österreichische Fernstraßennetz.

Alles, was in den vorangegangenen Abschnitten erörtert wurde, muß man sich vergegenwärtigen, wenn man an die Beantwortung der verantwortungsvollen Frage herantritt, ob in einem Staate schrittweise ein Fernstraßennetz geschaffen — und wie es in seiner Anlage grundsätzlich gestaltet werden soll. Die Gründe, die ganz allgemein dafür sprechen, daß in Europa Fernstraßennetze geplant und verwirklicht werden, sind im ersten Abschnitte schon ausreichend erörtert worden. Zu ihnen treten aber bei jedem einzelnen Staat noch individuell besondere Gründe und Gegebenheiten, die geeignet sind, auf die besondere Art der Fernstraßengestaltung einen entscheidenden Einfluß zu nehmen. Das soll im folgenden am Beispiel des österreichischen Fernstraßennetzes genauer erörtert werden.

Österreich kann im internationalen Kraftverkehr umfahren werden.

Österreich ist durch seine zentrale Lage dazu berufen, einen großen Teil des europäischen West—Ost-, Nord—Süd- und Diagonalverkehres über sein Gebiet zu leiten, es ist aber ein verhältnismäßig kleines Land und kann deshalb vom internationalen Verkehr leicht umgangen werden, besonders dann, wenn seine Nachbarn in ihrer Verkehrspolitik auf dieses Ziel hinarbeiten.

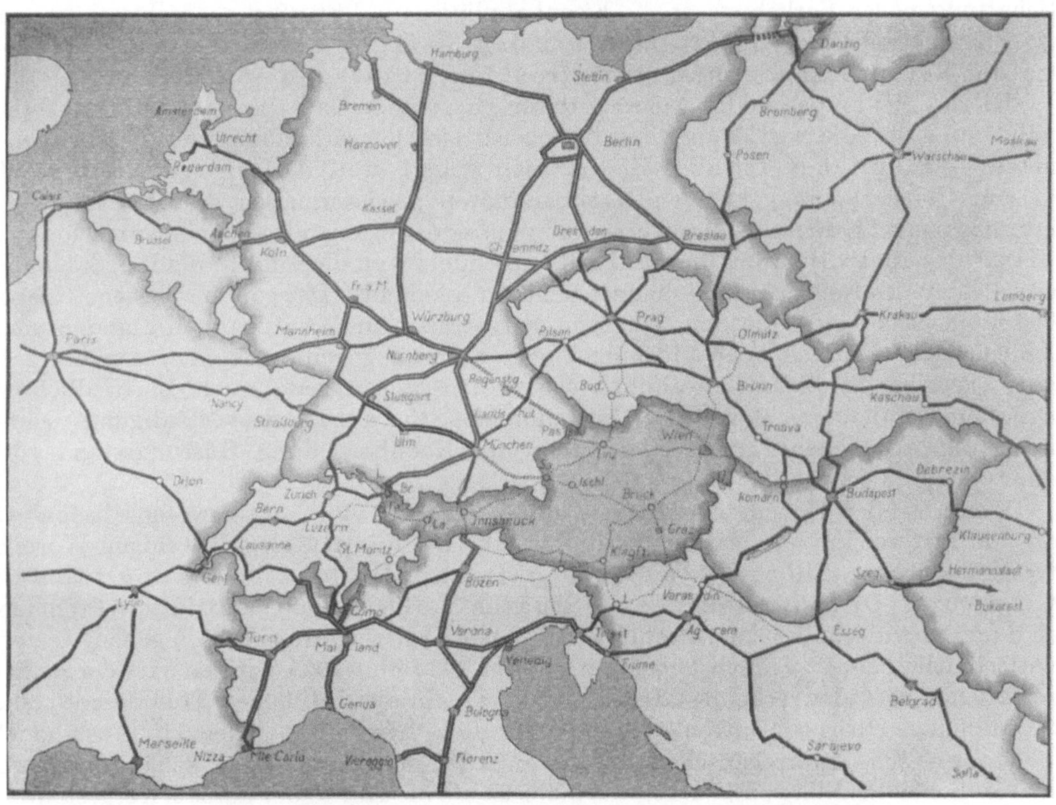

Abb. 16. Österreich kann im internationalen Kraftverkehr umfahren werden.

Die Karte enthält nur bestehende oder im Bau befindliche Straßen erster Ordnung, die nach angemessenem Ausbau geeignet sind, dem europäischen Fernverkehr zu dienen. Die durch Doppellinien gekennzeichneten Verkehrswege sind reine Autobahnen. Die mit starken, vollen Linien hervorgehobenen Straßenzüge sind geeignet, die Umfahrung Österreichs im internationalen Kraftverkehr zu fördern. Die mit dünnen punktierten Linien dargestellten Verbindungen dagegen sind berufen, der Umfahrung entgegenzuwirken und den Fernverkehr durch Österreich zu leiten.

Abb. 16 läßt dies klar erkennen. Man sieht ohne weiteres, daß es beispielsweise recht gut möglich ist, die Fahrten

Berlin—Belgrad,	Paris—Bukarest,
Hamburg—Budapest,	Genf—Warschau und
Köln—Budapest,	Mailand—Warschau

auszuführen, ohne österreichisches Staatsgebiet zu betreten und für Fahrten

von Berlin nach Florenz oder
„ Prag „ Genua

den Reiseweg so zu wählen, daß lediglich Nordtirol in etwa zweistündiger Fahrt durcheilt wird.

Dem kann nur durch Schaffung eines gut angelegten österreichischen Fernstraßennetzes wirksam begegnet werden. Wenn der internationale Kraftfahrer weiß, daß der Weg über das österreichische Staatsgebiet bequemer, sicherer und rascher und zudem auch noch zweckmäßiger und billiger ist, wegen größerer Schonung des Wagens und geringeren Verbrauches an Treibstoffen und Bereifung, dann wird für ihn der Anreiz, den Weg über Österreich zu nehmen und bei dieser Gelegenheit die Schönheit seiner Landschaft und den Reiz seiner Kulturdenkmale kennenzulernen, sehr groß sein. Der Bau eines leistungsfähigen Fernstraßennetzes wird somit sehr wesentlich dazu beitragen, in Österreich ein staatspolitisches Ziel zu fördern, das seit jeher für die Schaffung neuer Verkehrswege — Eisenbahnlinien und Straßen — richtunggebend war, den Grundsatz: alles zu tun, um den Verkehr auf das eigene Staatsgebiet heranzuziehen und vom fremden Staatsgebiet abzulenken!

Hierbei ist es besonders wichtig, dafür zu sorgen, daß die notwendigen Maßnahmen — also die Festlegung und die schrittweise Verwirklichung des Fernstraßennetzes — möglichst frühzeitig vor sich gehen, weil derjenige Staat, der auf diesem Gebiete vorangeht, den Nachbarstaaten gewissermaßen die Richtung des internationalen Kraftwagenverkehres im Sinne seiner eigenen Bedürfnisse vorschreibt, wie wir das an der Bindung unseres Fernstraßennetzes an die Punkte Lindau, Salzburg und Passau des Reichsautobahnnetzes deutlich erkennen. Das sollten alle jene Kreise besonders beherzigen, die dem Bau von Fernstraßen und Autobahnen aus den verschiedensten Gründen noch ablehnend oder zögernd gegenüberstehen. Im übrigen aber ist es im Straßenwesen ähnlich wie im Rüstungswesen. Auch die friedlichste Gesinnung enthebt nicht von der Notwendigkeit, für die Landesverteidigung rechtzeitig und ausreichend vorzusorgen, wenn alle Nachbarn ihren Rüstungsstand von Jahr zu Jahr erhöhen!

Was aber der Fremdenverkehr für die Wirtschaft eines Staatswesens bedeutet, das hat erst vor kurzem Nationalbankpräsident Dr. Kienböck mit wenigen Worten treffend gesagt: „die höchste Bürgschaft und die beste Deckung für den Gold- und Devisenschatz des Staates“. Die zahlungskräftigsten Fremden sind nun aber zweifellos jene, die mit dem eigenen Kraftwagen auf Reisen gehen! In den wirtschaftlich noch ziemlich günstigen Jahren 1930 und 1931 wurden von der österreichischen Fremdenverkehrsstatistik pro Jahr mehr als 4 Millionen Fremde mit rund 20 Millionen Übernachtungen gezählt; über 40% hiervon entfielen auf Ausländer! Sie haben dem österreichischen Staate an Devisen und Valuten schätzungsweise 200 Millionen Schilling zugeführt, was mehr ist als die Hälfte des damals festgestellten Handelspassivums[1]. Ist es angesichts solcher Zahlen nicht dringend geboten, alles vorzukehren, um den Auslandsverkehr nach Österreich zu fördern und nichts zu versäumen, was geeignet wäre zu verhüten, daß Österreich im internationalen Wettbewerb der Völker verkehrstechnisch ins Hintertreffen gerate?

Unzulänglichkeit des bestehenden Hauptstraßennetzes.

In manchen Kreisen herrscht nun allerdings die Meinung, daß die österreichischen Bundesstraßen mit ihrem schon sehr weit geförderten und überaus verdienstvollen Ausbau ohnedies einem Fernstraßennetz gleichkommen und daß es sich daher erübrige, besondere Maßnahmen in diesem Belange zu treffen. Diese Meinung ist eine irrige! Die ausgebauten Bundesstraßen sind gute, von den ärgsten Mängeln für den Kraftwagenverkehr befreite, staubfreie Landstraßen — aber als taugliche Fernstraßen können wir sie nicht bezeichnen. Sie haben nur 6 m Fahrbahnbreite (mit allen Mängeln und Gefahren dieses Maßes), sind vom Radfahrer- und Fußgeherverkehr nicht befreit,

[1] Die wirtschaftliche Notwendigkeit des Straßenbaues. Vortrag, gehalten von Oberbaurat Ing. Alfred Sieghartner auf der Länderkonferenz in Linz des Verbandes der österr. Straßengesellschaften am 9. Juni 1934.

weisen in den wichtigsten Durchgangslinien weit über hundert Plankreuzungen mit Eisenbahnen auf und eine noch viel größere Zahl weiterer Plankreuzungen mit sonstigen Verkehrswegen ohne jede Sicherung gegen den Querverkehr und führen schließlich durch eine Unzahl gefährlicher und den Verkehr empfindlich hemmender Ortsdurchfahrten! Was all diese Nachteile aber bei wachsender Verkehrsdichte für die Abwicklung des Fernverkehres auf Straßen bedeuten, ist im ersten Abschnitt dieser Abhandlung bereits eingehend auseinandergesetzt worden!

Linienplan des österreichischen Fernstraßennetzes.

Abb. 17 zeigt das Netz der wichtigsten Fernstraßen durch Österreich. Es schließt im Westen und Süden an die Autobahnnetze und Fernstraßennetze Deutschlands,

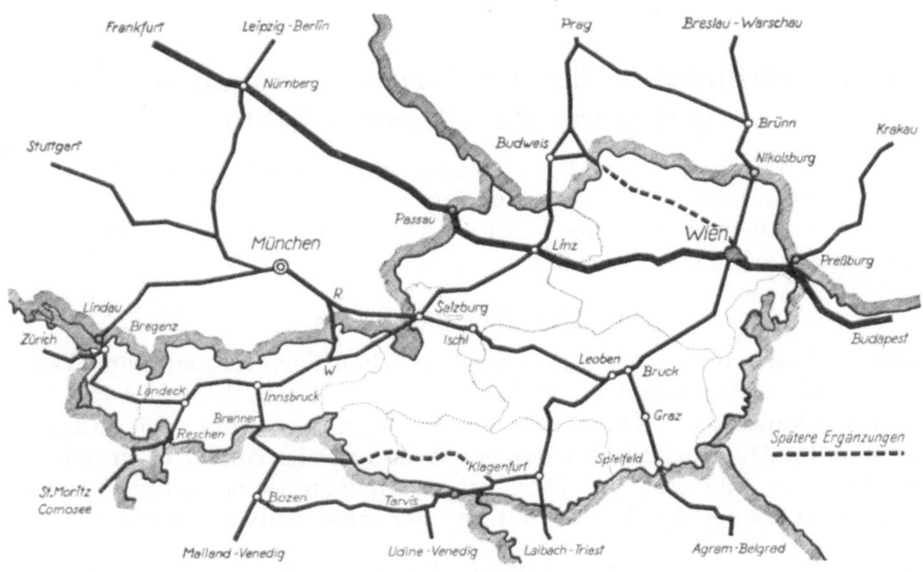

Abb. 17. Das österreichische Fernstraßennetz erster Ordnung.

Italiens und der Schweiz an und führt im Norden und Osten zu den wichtigsten Verkehrswirtschafts- und Siedlungszentren der Tschechoslowakischen Republik, Ungarns und Jugoslawiens. Seine Gesamtlänge umfaßt rund 1750 km. Bezieht man die Fernstraßenlängen staatenweise auf die Einwohnerzahl, so entfallen auf 1 Million Einwohner

in Italien	60	Autobahnkilometer,
im Deutschen Reich.......	105	,,
in Österreich	270	Fernstraßenkilometer.

Hieraus könnte sich zunächst der Schluß aufdrängen, daß das Fernstraßennetz Österreichs zu dicht geplant sei. Das wäre aber irrig, wie schon eine eingehende Betrachtung des vorgeschlagenen Netzes erkennen läßt. Die Ursache der Ungleichheit wurzelt in der Lage und Größe der einzelnen Staaten. Zentral gelegene Länder benötigen mehr Fernstraßenkilometer als peripher gelegene Gebiete und kleine Länder mehr als große, weil sie vom Strom des internationalen Kraftverkehres leichter umgangen werden können!

Das Verhältnis des vorgeschlagenen Fernstraßennetzes zum Gesamtnetz der österreichischen Straßen kann aus folgender Zusammenstellung übersichtlich entnommen werden:

Tabelle 7. Gliederung des österreichischen Straßennetzes.

Straßen-Gattung	km
Gesamtlänge des österreichischen Straßennetzes .... rund	68000
Davon für Kraftwagen befahrbar .... „	40000
Hiervon Bundesstraßen — insgesamt .... rund	4400
Darunter Straßen 1. Kategorie, laut Ausbaukarte des Verbandes der österreichischen Straßengesellschaften .... „	2300
Hiervon aufgenommen in das vorgeschlagene Fernstraßennetz......... rund	1750
Davon im Zuge der transeuropäischen Durchzugsstraße London—Konstantinopel .... „	330

VI. Anlage-Grundsätze für die Fernstraßenplanung in Staaten geringerer Bevölkerungsdichte.

Nach welchen Anlage-Grundsätzen soll nun das Fernstraßennetz in einem Staat mit kleinerer Bevölkerungsdichte und geringerer wirtschaftlicher Kraft — wie z. B. in Österreich — ausgebaut werden? Es ist naheliegend, vorerst an das italienische oder das deutsche Vorbild zu denken.

Einfluß der Baukosten.

Die bisher in der italienischen Po-Ebene zwischen Turin, Mailand und Venedig zur Ausführung gebrachten Autobahnen haben rund 1 Million Lire je 1 km Länge gekostet[1], die Camionale: Genua—Serravalle (Gebirge) rund 3,5 Millionen Lire. Rechnet man im Durchschnitt für das ganze italienische Netz 75% in leichtem Gelände und 25% in schwierigem Gelände, so erhält man als beiläufige Durchschnittskosten für 1 km Länge 1,6 Millionen Lire oder rund 640000 Schilling.

Tabelle 8. Baukosten des österreichischen Fernstraßennetzes je nach Anlageart.

P. Nr.	Ausbau	Länge in km	Kosten je 1 km in S	Zuschlag wegen schwierigerem Gelände in %	Gesamtkosten in Millionen S
1	Nach Art der Reichsautobahnen	1750	1500000	30%	3400
2	Nach Art der italienischen Autobahnen	1750	640000	30%	1500
3	Nach den in Abschnitt VI angeführten Grundsätzen, laut Ausweis von Tabelle 9 (Abschnitt VII)	1750	640000 bzw. 200000	Für Beseitigung der Plankreuzungen mit Eisenbahnen: 21 Mill. S	560

Die Baukosten der deutschen Reichsautobahnen werden schätzungsweise mit 700000 RM, also rund 1,5 Millionen Schilling angegeben. Darnach würden sich die Gesamtbaukosten für das österreichische Fernstraßennetz, wie Tab. 8 zeigt,

bei Ausbau nach italienischem Vorbild auf etwa 1,5 Milliarden Schilling und
„ „ „ deutschem „ „ „ 3,4 „ „

stellen. Das sind aber Summen, die für die Volkswirtschaft eines Landes wie Österreich, auch wenn sie auf Jahrzehnte verteilt werden, nur schwer bzw. über-

[1] Verkehrstechnik, S. 234. 1936.

haupt nicht tragbar wären, und daher folgt schon allein aus dieser Betrachtung, daß in solchen Ländern die Fernstraßennetze nach anderen Grundsätzen gestaltet werden müssen. Das ist aber in Österreich auch möglich und zulässig, weil einerseits seine Bevölkerungsdichte, Besiedlungsart und die wirtschaftliche Struktur — und anderseits die Stärke seines Straßenverkehres ganz anders geartet sind als jene Ober-

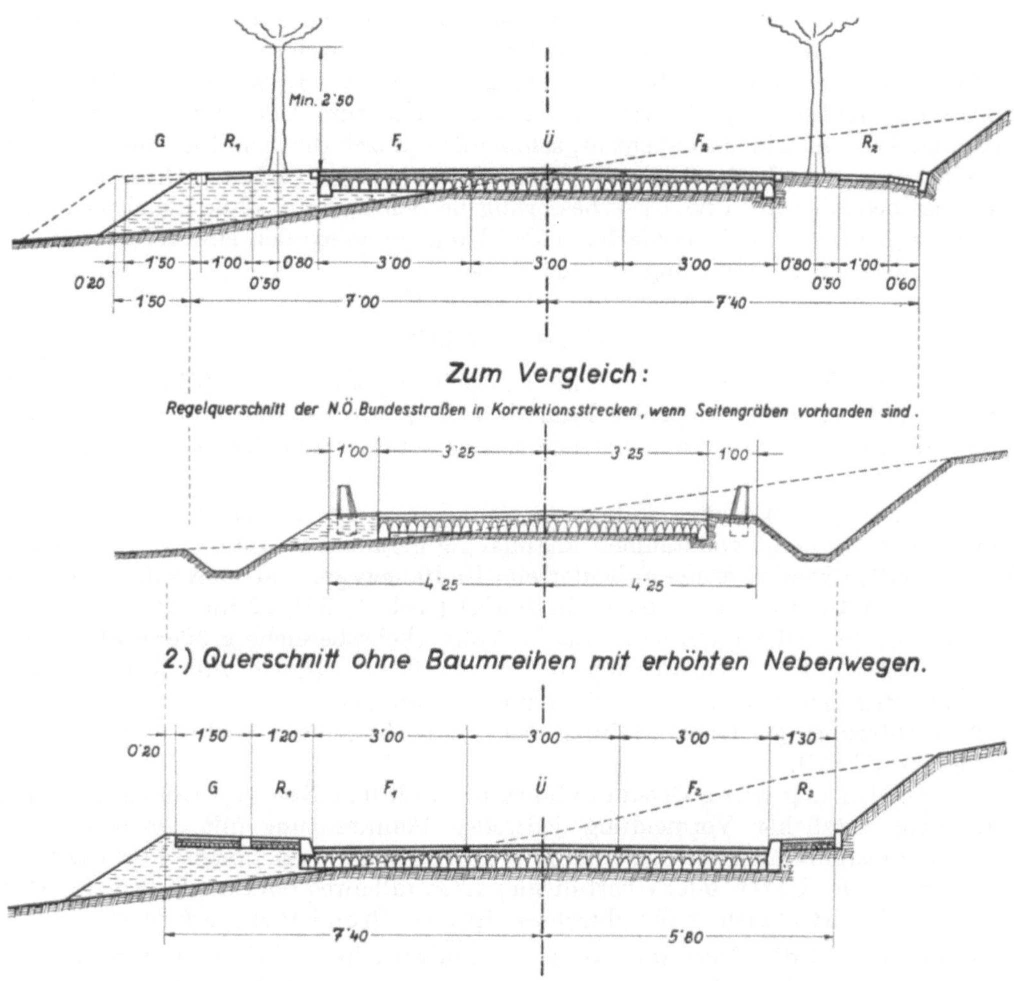

Abb. 18. Querschnitte für Fernstraßen in Ländern mit mäßiger Bevölkerungsdichte und geringerer wirtschaftlicher Kraft.

italiens und Westdeutschlands, deren Eigenart den italienischen und den deutschen Autobahnen ihre individuelle Prägung gegeben hat.

In Italien hat man errechnet, daß zur Sicherung der Rentabilität einer reinen Autostraße eine mittlere Frequenz (entlang der ganzen Straßenlänge) von mindestens 1000 Fahrzeugen täglich erforderlich sei; im Deutschen Reiche nimmt man hierfür eine mittlere Tagesbelastung von etwa 1200 Fahrzeugen oder 4000 Gewichtstonnen an. Gegen diese Zahlen bleibt die Verkehrsbelastung der dichtest befahrenen

Zählstrecke der österreichischen Bundesstraßen — wenn man von den Ausfallstrecken der großen Städte und der Industriezentren absieht — mit 170 Kraftfahrzeugen bezw. 600 bis 700 Gewichtstonnen täglich sehr erheblich zurück.

Man muß nun allerdings für die nächsten 2 bis 3 Jahrzehnte mit einer Vervielfachung dieser Frequenz rechnen, wie das im ersten Abschnitt bereits eingehend auseinandergesetzt worden ist — trotzdem muß aber sowohl aus der erheblich geringeren Kraftwagendichte Österreichs (Tab. 5 und Abb. 15) als auch aus der damit zusammenhängenden kleineren Verkehrsbelastung der österreichischen Hauptverkehrsstraßen der Schluß gezogen werden, daß das Fernstraßenproblem in einem Staate wie Österreich beträchtlich bescheidener und billiger gelöst werden kann bzw. gelöst werden muß als in seinen westlichen und südlichen Nachbarländern.

Zum gleichen Schlusse führt zwingend auch die Tatsache der beträchtlich dünneren Besiedlung Österreichs im Vergleiche zum Deutschen Reiche und zu Italien (s. Tab. 5). Sie ermöglicht es, schon allein durch die grundsätzliche Schaffung von Umgehungsstraßen an Stelle der meist engen und gefährlichen Ortsdurchfahrten eine ganz bedeutende Verkehrsverbesserung herbeizuführen, ohne gleichzeitig durch eine allzu gedrängte Aufeinanderfolge der Umgehungsstraßen eine fühlbare Schädigung der Gesamtlinienführung zu bewirken.

Anlage-Grundsätze.

Demnach empfiehlt es sich — unter Beachtung aller schon früher entwickelten Erfordernisse —, den Ausbau der Fernstraßennetze in Staaten mit mäßiger Bevölkerungsdichte und geringerer wirtschaftlicher Kraft nach folgenden Grundsätzen zu gestalten:

1. Anlage der befestigten Fahrbahn im allgemeinen dreibahnig (9 m); dazu überall dort, wo nicht vollkommen unabhängig geführte Radfahrwege in absehbarer Zeit geschaffen werden können, beiderseits Radfahrwege, und — wo der Bedarf vorliegt — auch Gehwege (ein- oder zweiseitig) (Abb. 1, 2/2, 12 und 18).

2. Anlage der befestigten Fahrbahn im Nahverkehrsbereiche größerer Städte vierbahnig (12 m). Dazu Ausrüstung dieser Straßenabschnitte mit künstlicher Beleuchtung für den Nachtverkehr (Natriumdampflicht).

3. Ausführung der Quersattelung des Fahrbahnbelages nicht stärker als 1 % (höchstens $1^1/_2$ %!).

4. Ausschaltung aller Ortsdurchfahrten durch den Bau von Umgehungsstraßen unter grundsätzlicher Vermeidung jedweder Plankreuzung mit den aus der Ortschaft herausführenden Straßen und Wegen; sodann wo nötig: Fortsetzung der letzteren von der Unter- oder Überführung als Parallelweg oder als Fahrrecht so weit, als es die Bewirtschaftung der durchschnittenen Grundstücke erfordert.

Dadurch wird die Fernstraße vom Gespannverkehr praktisch so gut wie befreit, ohne daß sie durch Verbot dieses Verkehres zur reinen Autostraße erklärt werden muß!

In Gegenden größerer Besiedlungsdichte ist fallweise zu prüfen, ob nicht statt mehrerer kurz aufeinanderfolgenden Umgehungsstraßen der Bau einer durchlaufenden gemeinsamen Umgehungsstraße die zweckmäßigere Lösung darstellt.

Bei großen Städten (Landeshauptstädten) kann die Umgehungsstraße entfallen, wenn es möglich ist, für den Fernverkehr eine ausreichend breite, durchaus günstig gestaltete städtische Durchzugsstraße zu schaffen. Die gleiche Maßnahme kann ganz ausnahmsweise (allenfalls vorübergehend) auch in Bezug auf kleinere Siedlungszentren Anwendung finden, wenn der Bau einer plankreuzungsfreien Umfahrungsstraße auf unüberwindliche Hindernisse stößt — oder wenn er ganz ungewöhnlich hohe Anlagekosten erfordern würde, z. B. bei Ortschaften an Gebirgshängen mit besonders gedrängter Verbauung.

Die Linienführung der Umgehungsstraßen soll nach Tunlichkeit so gewählt werden, daß die Umfahrung möglichst günstige und eindrucksvolle Ausblicke auf die zugehörige Ortschaft gewährt[1].

5. Ersatz aller Plankreuzungen mit Eisenbahnen durch Stockwerkskreuzungen (Unter- oder Überfahrten).

6. Ersatz auch der in der freien Strecke zwischen den Ortschaften gelegenen Plankreuzungen mit Querstraßen und Feldwegen durch Stockwerkskreuzungen,

Abb. 19. Die Auto-Camionale: Genua—Senavalle. Umfahrung von Bolzaneto.

wenn diese Herstellungen mit mäßigen Kosten ausführbar sind. Andernfalls: Anlage dieser Plankreuzungen zwecks Sicherung der Fernstraße gegen die Gefahr des Querverkehres nach Art von Abb. 20 und 21.

7. Tunlichste Verminderung der Zahl der Feldausfahrten auf die Fernstraße durch Anlage parallelführender Wirtschaftswege; diese sind überall dort unerläßlich, wo größere Viehtriebe periodisch wiederkehrend vor sich gehen (Alpentäler!).

Wo die unmittelbare Ausmündung einer Feldausfahrt auf die Fernstraße nicht vermieden werden kann, ist diese spitzwinklig zur Straßenlängsrichtung anzulegen;

[1] Siehe hierzu auch: Platzmann: Ortsumfahrten (Umgehungsstraßen). Der Straßenbau, S. 201—203. Halle a. d. Saale. 1936.

in diesem Falle muß für eine ausreichende Freilegung der Sicht im Bereiche der Feldausfahrt besonders vorgesorgt werden[1].

8. Streng einheitliche Ausgestaltung aller Nebenanlagen im ganzen Fernstraßennetz[2].

9. Durchführung aller übrigen Maßnahmen zur Förderung des Fernverkehres (Verbesserung der Richtungs- und Neigungsverhältnisse, Schaffung von Parkplätzen und von Lagerplätzen für Baustoffe und Baugeräte, Beseitigung unnötiger Straßengräben usw.) in tunlichst vollkommener Weise, aber ohne Aufwendung übermäßig großer Korrektionskosten (s. hierzu die Grundsätze des im Anhang abgedruckten Merkblattes, betreffend die Ausgestaltung bestehender Straßen für den Kraftwagenverkehr).

Regelquerschnitte; Breite — Farbe — Querneigung und Beleuchtung der Fahrbahn.

Abb. 18 zeigt die Regelquerschnitte für die nach Punkt 1 zu gestaltenden Fernstraßen. Sie entsprechen vollständig der Forderung der Internationalen Vereinigung der anerkannten Automobil-Clubs (A.I.A.C.R.), die in ihrer Denkschrift „Les Grands Itineraires Internationaux" (1933) eine durchlaufende Minimalbreite der Fahrbahn von 8 m im ganzen Bereich des von ihr ausgearbeiteten großen europäischen Fernstraßennetzes verlangt[3]. Die in Abb. 18 dargestellten Straßenquerschnitte stimmen übrigens auch sehr weitgehend mit den Querschnitten der schon ausgeführten bzw. projektierten Fernstraßen der Schweiz überein.

Die dreibahnige, 9 m breite Fernstraße ist der gewöhnlichen 6 m breiten Straße an Leistungsfähigkeit und Verkehrssicherheit weit überlegen, weil auf ihr der Überholungsverkehr nicht mehr auf der Fahrbahn des Gegenverkehres vor sich geht und somit den Hauptverkehr der Gegenrichtung nicht gefährdet. Das ist besonders in Zeiten großer Verkehrsdichte (Sonntagen) von außerordentlichem Wert.

Hinter der vierbahnigen Ausführung nach Art der Reichsautobahnen steht natürlich die dreibahnige Fernstraße in bezug auf Vollkommenheit, Leistungsfähigkeit und Sicherheit bedeutend zurück. Dafür erfordert sie aber auch (wie Tabelle 8 zeigt) in der hier vorgeschlagenen Anlageart nur etwa ein Siebentel an Baukosten! Sie wird in dieser Art für Länder geringerer Bevölkerungs- und Verkehrsdichte nach menschlicher Voraussicht für einige Jahrzehnte genügen. Was nach dieser Zeit aber erforderlich sein wird, das kann getrost der nach uns kommenden Generation überlassen werden; auch sie wird planen und bauen wollen und wird die Erfordernisse ihrer Zukunft besser überblicken, als wir das heute zu tun vermögen!

Für die Sicherung strengster Verkehrsdisziplin ist die deutliche Abhebung der 3 m breiten Mittelbahn (Überholungsbahn) von den beiden außenliegenden Hauptverkehrsbahnen durch hellere oder dunklere Farbtönung des Belages sehr wertvoll. In Abb. 12 — Fernstraße: Zürich—Winterthur (Kleinsteinpflaster) — ist deutlich die Verwendung helleren Steinmateriales für die 3 m breite Mittelbahn zu erkennen. In ähnlicher Weise ist auch in jüngster Zeit bei Bitumenbelägen auf den 6 m breiten österreichischen Bundesstraßen von Imst nach Nassereith und von Landeck nach Prutz (Tirol) eine sehr deutliche Unterscheidung der beiden Richtungsfahrbahnen durch Absplittung mit verschiedenfärbigem Dolomit mit Erfolg bewirkt worden![4]

---

[1] Fischer: Betrachtungen zur Ausgestaltung unserer Fernverkehrsstraßen. Das Straßenwesen, H. 2 u. 3. Wien. 1935.

[2] S. Richtlinien für die Anlage und die Linienführung neuzeitlicher Straßen mit gemischtem Verkehr, S. 15—18 u. 39—42. Verlag: Verband d. österr. Straßengesellschaften. Wien.

[3] S. Die internationalen Straßen für den Automobilverkehr. (Vorschlag der A. I. A. C. R.) Die Autostraße, S. 104. Basel. 1933.

[4] Die Autostraße S. 83 und 103. Basel 1936.

Nicht minder wichtig für Fahrdisziplin und Verkehrssicherheit ist die in Punkt 4 geforderte Beschränkung der Fahrbahn-Querneigung auf das Maß von etwa 1%. Die noch immer auf neuzeitlichen Straßendecken angewendeten größeren Querneigungen sind atavistische Überbleibsel aus der Zeit der alten, porösen, rauhen und meist schlecht instandgehaltenen Makadamstraße. Diese mußte, um das Eindringen der Niederschlags- und Schmelzwässer in die Straßendecke und den Untergrund hintanzuhalten, eine sehr erhebliche Querneigung erhalten. Die moderne, wasserundurchlässige, vorzüglich geebnete Fahrbahndecke aber benötigt zur Wasserabführung auch unter Berücksichtigung aller unvermeidlichen Ausführungsmängel nicht mehr Gefälle als etwa ein bescheidenes, offenes, muldenförmiges Betongerinne; für dieses aber genügt — wie jeder Fachmann des Wasserbaues weiß — bei sorgfältiger Ausführung eine Neigung von 0,5 bis 1,0%. Dieser Erfahrung entspricht auch die Querneigung der Camionale von Genua nach Serravalle (1%) und der Reichsautobahnen (1½%). Eine unnötig starke Querneigung wird von den Kraftfahrern in hohem Grade als schädlich und gefährlich empfunden. Sie verleitet zu unvorschriftsmäßiger Benutzung der Straßenmitte (Gefahr der Ladungsverschiebung bei Lastkraftwagen) und wirkt sich besonders bei ungünstiger Witterung und bei Überholungen höchst gefährlich aus. Viele Unfälle im Kraftverkehre der Gegenwart haben ihre Wurzel in der unnötig starken Quersattelung der neuzeitlichen Straßenbeläge!

Auch die für den Nahverkehrsbereich der Städte geforderte Straßenbeleuchtung mit Na-Dampflicht oder Quecksilberdampflicht[1] ist bei großer Verkehrsdichte für die Hebung der Verkehrssicherheit höchst wertvoll (Vermeidung der Scheinwerferblendung!). Auf der nachts stark frequentierten Straße von Ville d'Avray nach Versailles wurde durch Einführung der ortsfesten Beleuchtung die Durchschnittszahl der schweren nächtlichen Kraftwagen-Unfälle im Jahr von 9 auf 2 herabgesetzt[2]. Die Straßenbeleuchtung mit Na-Dampflicht stellt sich in Anlage und Betrieb wesentlich billiger, als gewöhnlich vermutet wird! Die Anlagekosten betragen nur etwa 15—20 S für 1 m Straße — sind also ungefähr so groß wie die Kosten eines 1½—2 m breiten Streifens des Fahrbahnbelages; der Stromverbrauch beträgt 2—4 kW pro km, erfordert also — wenn man z. B. einen Strompreis von 7½ Groschen je kWh zugrunde legt — ungefähr 600—1200 S für 1 km Straße im Jahr. Das monochromatische Gasentladungslicht läßt entgegenkommende Kraftwagen schon auf mindestens 600 m Entfernung mit Sicherheit erkennen und liefert im Vergleiche zum gemischtfärbigen Tageslicht eine ganz ungewöhnlich große Sehschärfe.

Anlage der Umgehungsstraßen; Kreuzungen mit Eisenbahnen, Straßen und Wegen.

Hinsichtlich der Umgehungsstraßen ist in Punkt 4 vorgesehen, daß sie bei großen Städten unter Umständen entfallen können. Es ist das berechtigt, weil die Mehrzahl aller Kraftfahrer ohnedies aus den verschiedensten Gründen den Weg durch solche Städte wählt (Besichtigung, Rast, Einkäufe, Nächtigung, Reparaturen usw.) und diese Städte deshalb am ehesten die Umgehungsstraße entbehren können; sodann aber auch, weil gerade bei den großen Städten plankreuzungsfreie Umgehungsstraßen sehr lang und sehr teuer werden. Es wäre jedoch vollkommen verfehlt, diese nur für

[1] Die Bedeutung des Gasentladungslichtes (Natrium- und Quecksilberlicht) im Dienste des modernen Verkehrs. Die Autostraße, S. 104f. Basel. 1936. Ebenda: 1934, S. 80; 1935, S. 78 und 171—176; Van der Werfhorst: Straße und Licht. Die Autobahn. S. 145—149. Berlin. 1935; Orthaus: Blendungsfreie Beleuchtung von Kraftwagenstraßen. Verkehrstechnik, S. 131f. Berlin 1936.

[2] Rebske: Bericht über Beleuchtungsergebnisse auf einer der wichtigsten Autostraßen Frankreichs. Die Straße, S. 251. Berlin 1936.

wirklich große Städte gedachte Ausnahme ohne wirklich zwingenden Grund auch auf kleinere Städtchen, Märkte und Dörfer auszudehnen. Dadurch würde der ganze Sinn der Umgehungsstraßen und der typische Charakter der Fernstraßen geopfert werden!

Durch die grundsätzliche Ausführung plankreuzungsfreier Umgehungsstraßen gemäß Punkt 4 wird die Fernstraße vom Gespannverkehr so gut wie befreit, da dieser in der Hauptsache von den Ortschaften ausstrahlt und nur in ganz untergeordnetem

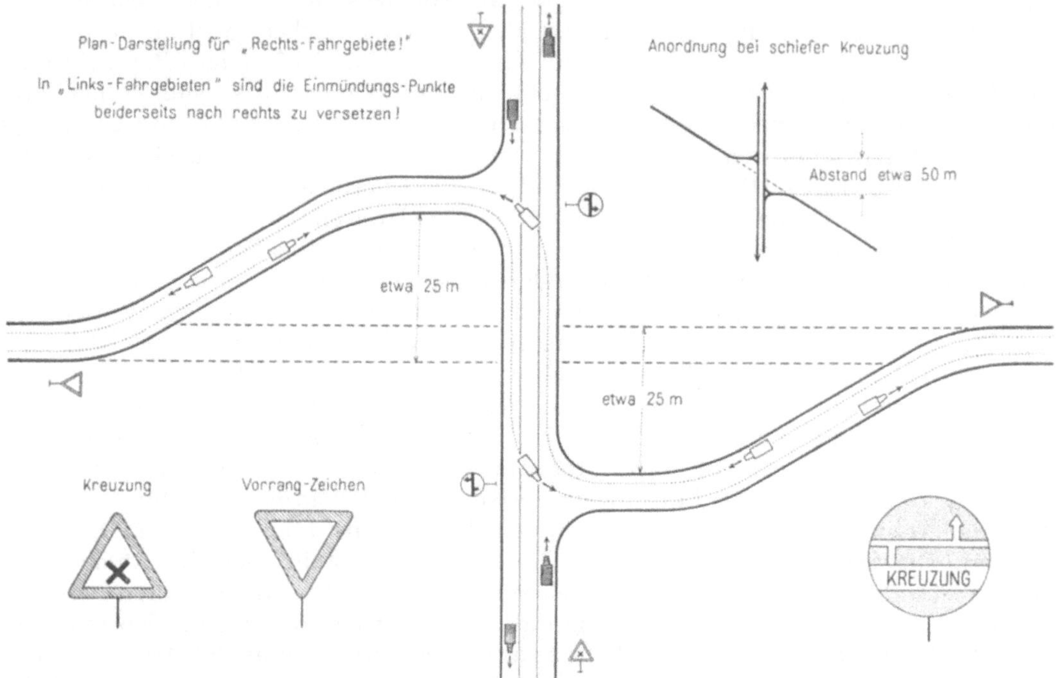

Abb. 20. Plankreuzung einer Fernstraße mit einer schwach befahrenen Landstraße (Feldweg).

Maße von Ortschaft zu Ortschaft oder auf größere Entfernungen sich erstreckt. Der sodann auf der Fernstraße verbleibende Gespannverkehr wird also überaus gering und dem Kraftverkehr nicht hinderlicher sein als etwa ein Lastauto mit Anhänger oder ein defekter Kraftwagen, der in Abschleppung begriffen ist.

Plankreuzungen mit Eisenbahnen dürfen auf Fernstraßen überhaupt nicht vorkommen; sie müssen beseitigt werden, auch wenn diese Maßnahme große Kosten verursacht. Eine erhebliche Anzahl derselben wird übrigens schon durch den Bau der Umgehungsstraßen entfallen, da ein großer Teil aller Plankreuzungen mit Eisenbahnen in der Nähe von Ortschaften gelegen ist.

Plankreuzungen mit Straßen und Wegen auf der freien Strecke zwischen den Ortschaften sollen gleichfalls durch Stockwerkskreuzungen ersetzt werden, wenn das mit mäßigem Kostenaufwand möglich ist. Im Flachland wird diese Voraussetzung aber zumeist nicht zutreffen. Hier ist es überhaupt in vielen Fällen schwer, günstige Möglichkeiten für die Anlage von Unter- oder Überführungen zu gewinnen, weil beträchtlichere Senkungen der Verkehrswege oftmals nicht ausführbar sind mit Rücksicht auf den Grundwasserstand und wegen der Unmöglichkeit, die entstehenden Tiefpunkte günstig zu entwässern. Zudem ergeben sich im Flachland aber auch oft noch ernste Bedenken verkehrstechnischer Natur. Wird die Querstraße gehoben oder gesenkt, so führt das zu großen Rampenneigungen, die für die Landwirtschaft

(z. B. Erntefuhrwerke) überaus nachteilig sind — wird dagegen die Fernstraße gehoben oder gesenkt, so verursacht das nicht nur besonders hohe Kosten, sondern schädigt zugleich die Anlage des Fernstraßenlängenschnittes, besonders dann, wenn es sich um verhältnismäßig viele und dicht aufeinanderfolgende Wegkreuzungen handelt. Unter solchen Umständen erscheint die Anlage dieser Kreuzungen nach Art von Abb. 20 und 21 als eine nicht nur billige, sondern auch verkehrstechnisch wohlbegründete und brauchbare Lösung. Sie wird auch für andere Plankreuzungen, die nicht in den Bereich des Fernstraßennetzes fallen, mit Vorteil verwendet werden können.

Um die Fernstraße gefahrlos kreuzen zu können, muß bei gewöhnlichen Plankreuzungen das Fahrzeug der Querstraße auf das zufällige Zusammenfallen von ausreichend großen Verkehrslücken in beiden Fahrtrichtungen der Fernstraße warten.

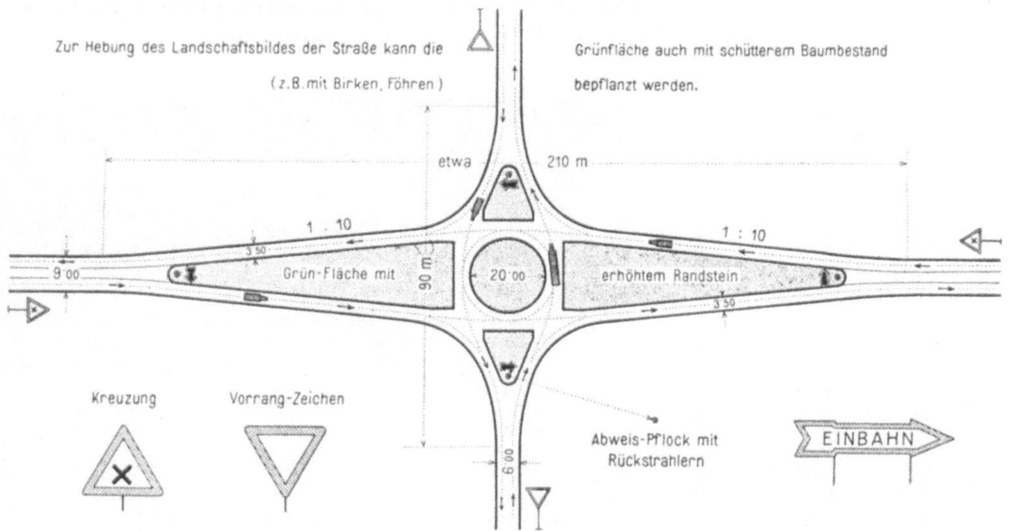

Abb. 21. Plankreuzung einer Fernstraße mit einer stark befahrenen Landstraße.
An den Gabelungsstellen sind die die Grünflächen begrenzenden Bordschwellen durch einen auffälligen Schwarz-Weiß-Anstrich deutlich zu kennzeichnen.

Je dichter der Verkehr aber ist, um so länger dauert es, bis zufällig ein solch örtliches Zusammenfallen größerer Verkehrslücken eintritt und um so eher führt die Ungeduld des Wartenden zu einer unvorsichtigen Kreuzung und damit zu einer Verkehrsgefährdung. Und das gilt noch im wesentlich erhöhten Maße für den Fall unsichtigen Wetters! Die Kreuzungsanordnung nach Abb. 20 und 21 befreit nun von der Notwendigkeit, ein derartiges Zusammenfallen zweier größerer Verkehrslücken abzuwarten; sie ermöglicht es, jede Verkehrsrichtung der Fernstraße gesondert zu kreuzen. Damit wird die Kreuzungsgefahr sehr wesentlich gemindert.

Die Anordnung nach Abb. 20 ist für kreuzende Feld- und Wirtschaftswege und für schwach befahrene Querstraßen zweckmäßig. Bei stark befahrenen Querstraßen aber würde sie von deren Benutzern als zu lästig empfunden werden. Für diese wird die Kreuzung besser nach Art der Abb. 21 angeordnet. Da aber eine zu oftmalige Auflösung der dreibahnigen Fernstraße in zwei Einbahnstraßen nicht empfehlenswert ist, erscheint es ratsam, die Lösung von Abb. 21 nur für wirklich wichtige und stark befahrene Querstraßen anzuwenden.

Bei der in Abb. 21 dargestellten Kreuzung sind nicht nur die beiden Richtungsbahnen der F e r n s t r a ß e, sondern auch die der Q u e r s t r a ß e durch Auflösung in je zwei Einbahnstraßen auseinandergezogen. Die Auseinanderziehung bei der F e r n s t r a ß e erfolgt, um für das kreuzende Fahrzeug der Querstraße einen ausreichenden Warte-

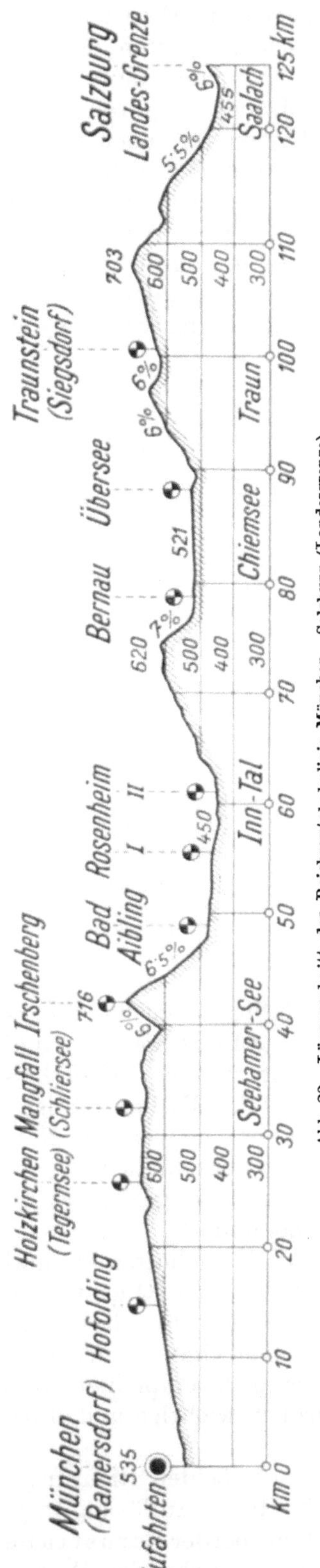

Abb. 23. Längenschnitt der Reichsautobahnlinie München—Salzburg (Landesgrenze).

platz zwischen den beiden Richtungsbahnen der Fernstraße zu schaffen. Die Auseinanderziehung bei der Querstraße aber geschieht — und zwar mit verhältnismäßig scharfen Richtungsänderungen —, um die Fahrzeuge des Querverkehres zu zwingen, eine starke Geschwindigkeitsverminderung im Bereich der Kreuzungsstelle vorzunehmen.

Die Auflösung ungeteilter Landstraßen in zwei scharf voneinander getrennte Einbahnstraßen ist aus den verschiedensten Gründen wiederholt schon ausgeführt worden. Abb. 22 zeigt eine derartige Fahrbahnteilung auf der badischen Hauptverkehrsstraße von Neustadt nach Donaueschingen.

Abb. 22: Fahrbahn-Teilung auf der Straße Neustadt—Donaueschingen zur Sicherung der genauen Einhaltung der vorgeschriebenen Fahrbahnseite in der Krümmung.

Gestaltung des Längenschnittes; Freilegung der Sicht in Krümmungen.

Die unter Punkt 9 zusammengefaßten sonstigen Korrektionen zum Zwecke der Ausgestaltung der bestehenden Hauptverkehrsstraßen für den Fernverkehr können in mäßigen Grenzen gehalten werden. Sehr lehrreich ist in dieser Hinsicht der Längenschnitt der Reichsautobahnlinie München—Salzburg (Landesgrenze) — Abb. 23 —, der deutlich zeigt, daß sogar für Kraftwagenstraßen dieser Vollkommenheit, Steigungen bis zu 7% noch als zulässig erachtet werden.

Von besonderer Wichtigkeit für die Sicherheit des Verkehres in Straßenkrümmungen ist eine ausreichende Freilegung der Sicht. Die hierzu notwendigen Maßnahmen und Baukosten werden oftmals sehr überschätzt; denn es wird häufig nicht genügend beachtet, daß eine Krümmung (wegen der auftretenden Schleudergefahr) um so langsamer befahren werden muß, je kleiner der Krümmungshalbmesser ist und daß der geringeren Geschwindigkeit im scharfen Bogen auch kürzere Bereitschafts- und Bremswege — bzw. notwendige Sichtlängen entsprechen.

Stellt man vorsichtshalber für die Reibung zwischen Fahrbahn und Bereifung nachfolgende Werte in Rechnung:

in der Längsrichtung der Fahrt .... $f_1 = 350$ kg/t .... (0,35)
„ „ Querrichtung „ „ .... $f_2 = 250$ „ .... (0,25)

so erhält man bei 3% Fahrbahn-Querneigung als zulässige Geschwindigkeit in der Krümmung die Beziehung:

$$V^{\text{km/Stunde}} = 6 . \sqrt{R^{\text{Meter}}}$$

Für diese Geschwindigkeit und unter Einhaltung des Geschwindigkeits-Grenzwertes

max $V = 100$ km/Stunde .... (wird im Bogen $R = 280$ m erreicht!)

genügt, wie eine genauere Untersuchung zeigt, die Freilegung eines Sichtpfeiles ab

Abb. 24. Freigelegte Kurvensicht auf der Via Cassia (Rom—Florenz).

inneren Straßenrand von 4—9 m, also eines Maßes, das in vielen Fällen auch ohne Aufwendung besonders großer Kosten geschaffen werden kann.

Abb. 24 zeigt eine vorbildliche Ausführung dieser Art auf der von Rom nach Florenz führenden Hauptverkehrsstraße Nr. 2 — der Via Cassia.

Möglichkeit schrittweiser Verwirklichung.

Die in vorstehendem Abschnitt gekennzeichneten Anlage-Grundsätze für die Schaffung von Fernstraßennetzen in Ländern mit kleinerer Bevölkerungsdichte und geringerer wirtschaftlicher Kraft sind so geartet, daß sie trotz strengster Planmäßigkeit eine vollkommen schrittweise Verwirklichung zulassen. Es kann mit der Vervollkommnung des Straßennetzes für den Fernverkehr jeweils auf den verkehrstechnisch wichtigsten Strecken — oder auch ganz isoliert an jenen Punkten begonnen werden, die am dringendsten einer Verbesserung des bestehenden Zustandes bedürfen. Voraussetzung hierfür ist lediglich die vorausgehende, weit ausgreifende und nach einheitlichen Gesichtspunkten durchgeführte Planung (siehe Abschnitt IX), damit alle Herstellungen sich später harmonisch und ohne jedweden verlorenen Bauaufwand in den Gesamtplan des Fernstraßennetzes einfügen!

VII. Ausbaukosten des österreichischen Fernstraßennetzes.

Schätzung der Anlagekosten.

Unter Zugrundelegung der in Abschnitt VI entwickelten Grundsätze für die Fernstraßenplanung in Ländern geringerer Bevölkerungsdichte können die Ausbaukosten des österreichischen Fernstraßennetzes, wie die Aufstellung von Tabelle 9 zeigt, mit rund 560 Millionen Schilling eingeschätzt werden:

Tabelle 9. Schätzung der Ausbaukosten des österreichischen Fernstraßennetzes nach den Grundsätzen von Abschnitt VI (Gesamtlänge: 1750 km).

P. Nr.	Kostenaufwand für	Länge in		Kosten	
		%	km	je 1 km S	insgesamt Millionen S
1	Umgehungsstraßen, vollkommen plankreuzungsfrei	25	430	640000	275
2	Ausbau der freien Strecken zwischen den Ortschaften	75	1320	200000	264
3	Beseitigung von Plankreuzungen mit Eisenbahnen im Zuge der freien Strecken ...... zirka Stück	.....	70	Je Stück 300000	21
	Somit Ausbaukosten insgesamt...				560

Die Kostensumme von insgesamt 560 Millionen Schilling ist sehr vorsichtig ermittelt, und es kann erwartet werden, daß die Ausführung in Wirklichkeit billiger zu stehen kommen wird. Die bisherigen Ausbaukosten der österreichischen Bundesstraßen (6 m Fahrbahnbreite) haben für Belag und Korrektion im Durchschnitt rund 115000 S für 1 km Länge erfordert[1]. Es ist daher gewiß vorsichtig gerechnet, wenn in der freien Strecke zwischen den Ortschaften der Ausbau auf 9 m Breite im Mittel mit 200000 S für 1 km Länge angenommen wird; hierin sind die Kosten für die Beseitigung der Plankreuzungen mit Eisenbahnlinien nicht mit eingeschlossen. Die Zahl der umzubauenden Kreuzungen dieser Art im Bereiche der freien Strecken ist nicht genau bestimmbar, da zahlreiche Kreuzungen in den Bereich der Umgehungsstraßen fallen werden und daher schon in deren Kosten mit enthalten sind. Schätzungsweise werden aber etwa 70 solcher Plankreuzungen in den freien Strecken verbleiben. Für ihre Beseitigung sind im Durchschnitt 300000 S pro Stück angesetzt. Wenngleich nun diese Kosten von Fall zu Fall sehr verschieden sein werden, so dürfte dieser Durchschnittsbetrag dennoch angemessen begründet erscheinen. Beim Ausbau der Reichsstraße München—Garmisch zur Olympiastraße für den Massenverkehr der Winterolympiade im Januar 1936 wurden 5 Plankreuzungen mit Eisenbahnen be-

[1] Rundfunkvortrag des österreichischen Bundesministers für Handel und Verkehr aus Anlaß der Eröffnung der Großglocknerstraße: Die Stellung Österreichs im europäischen Straßenverkehr. „Neues Wiener Tagblatt" vom 2. August 1935. Das Straßenwesen in Österreich bei seinem jetzigen Stande. (Nach offiziellen Angaben des Bundes-Min. f. H. u. V. in Wien.) Die Autostraße, S. 95. Basel. 1936.

seitigt. Die mit 10 m lichter Weite ausgeführten Unterführungen samt den zugehörigen Straßenkorrektionen einschließlich aller Nebenwegbauten erforderten insgesamt 840000 RM[2], woraus die Angemessenheit des oben angenommenen Durchschnittsbetrages für die Beseitigung einer solchen Plankreuzung zur Genüge hervorgeht.

Für den Bau der plankreuzungsfreien Umgehungsstraßen (Tab. 9, Post 1) wurden die durchschnittlichen Kilometerkosten der italienischen Autobahnen eingesetzt; hierbei dürfte es gewiß vorsichtig gerechnet sein, wenn die Gesamtlänge dieser Umgehungsstraßen mit einem Viertel der Länge des ganzen Fernstraßennetzes in Anschlag gebracht wird!

Länge und Kosten je Kopf der Bevölkerung.

Bezieht man die Gesamtlänge und die Kosten des österreichischen Fernstraßennetzes auf den Kopf der Bevölkerung und vergleicht man diese Bezugswerte mit den analogen Zahlen Italiens und des Deutschen Reiches, so erkennt man, wie Tabelle 10 zeigt, daß Österreich in der Kilometerzahl weitaus an der Spitze steht — in bezug auf die Kosten sich aber in der Mitte der drei Staaten befindet. Das heißt mit anderen Worten, das in Aussicht genommene Fernstraßennetz Österreichs ist verhältnismäßig sehr dicht geartet, in seiner Anlage aber außerordentlich billig geplant.

Tabelle 10. Länge und Kosten der europäischen Fernstraßen-Netze, bezogen auf die Kopfzahl der Bevölkerung.

Staat	Längen in km		Kosten je	
	insgesamt	auf eine Million Einwohner	1 km	1 Einwohner
Italien	2500	60	Lire 1600000	100 Lire = 40 S
Deutsches Reich	7000	105	RM 700000	75 RM = 160 S
Österreich	1750	270	S 320000	83 S

Die verhältnismäßig große Dichte des österreichischen Fernstraßennetzes ist — wie schon in Abschnitt V genauer ausgeführt wurde — kein Fehler des Projektes, sondern ist durch die geringe Größe des Landes und seine zentrale Lage bedingt. Kleine Länder können vom internationalen Verkehrsstrom eben leichter umgangen werden als große Staaten — besonders wenn die Nachbarländer zielbewußt darauf hinarbeiten —, und zentral gelegene Länder benötigen mehr Durchzugsstraßen als solche in peripherer Lage! In einer ganz ähnlichen Lage wie Österreich ist in diesem Belange übrigens auch die Schweiz (4,1 Millionen Einwohner). Hier hat der Schweizerische Autostraßen-Verein sogar ein Fernstraßennetz von mehr als 3000 km Länge in Aussicht genommen. Wenn es in der beabsichtigten Anlageart zur Ausführung käme, dann würden dort auf den Kopf der Bevölkerung rund $2^1/_2$mal so viel Fernstraßenkilometer als in Österreich und rund $4^1/_2$mal so große Kosten entfallen. Dieser Plan steht nun allerdings bereits in wesentlicher Umarbeitung und wird in bezug auf Umfang, Anlage und Kosten noch mancherlei Änderung erfahren; er zeigt aber deutlich, wie schwierig die Lage kleiner, zentral gelegener Gebirgsländer in der Fernstraßenfrage ist!

[2] Werden: Reichsbahn und Olympische Winterspiele 1936. Zeitung des Vereines Mitteleuropäischer Eisenbahnverwaltungen, S. 132. Berlin 1936.

Mehrbelastung des Staatshaushaltes.

Der für Österreich errechnete Gesamtkostenbetrag von 560 Millionen Schilling stellt nun aber keineswegs zur Gänze eine zusätzliche Mehrbelastung des Staatshaushaltes während der Bauzeit des Fernstraßennetzes dar. Die Budgetmehrbelastung ist wesentlich geringer und kann, wie Tabelle 11 zeigt, insgesamt mit etwa 360 Millionen Schilling veranschlagt werden.

Tabelle 11. Zusätzliche Mehrbelastung des österreichischen Staatshaushaltes während der Bauzeit des Fernstraßennetzes.

Betragstitel	Millionen S
Ausbaukosten insgesamt	560
Hiervon ab:	
1. Ein Fünftel der Gesamtkosten als Ausgabenpost, die unter allen Umständen im Hauptnetz der österreichischen Bundesstraßen aufgewendet werden muß — also auch dann, wenn kein planmäßiger Ausbau des Fernstraßennetzes erfolgt. (Korrektionen, Umgehungsstraßen, Unter- und Überführungen, Neubau großer Brücken, Belagserneuerungen usw.)	110
2. Ersparnis an Arbeitslosenunterstützung: Ein Drittel des mit 60% angenommenen Lohnanteiles vom Restbetrag, also 20% von 450 Millionen S	90
Somit Mehrbelastung des Staatshaushaltes insgesamt	360
Oder verteilt auf 20 Baujahre jährlich	18

Die zusätzliche Mehrbelastung des Staatshaushaltes von 18 Millionen Schilling jährlich für die nächsten zwei Jahrzehnte kann auch in den heutigen, schwierigen Zeiten für ein so wichtiges Erfordernis der Volkswirtschaft, wie es die Schaffung eines modernen Fernstraßennetzes darstellt, nicht unaufbringlich sein. Auf die Kopfzahl der Bevölkerung Österreichs bezogen, ergibt diese Ausgabenpost 2,65 S jährlich — auf die Träger eines selbständigen Einkommens bezogen 5,66 S jährlich oder 47 Groschen monatlich!

Stellt man diesen Ausgaben die Vorteile gegenüber, die der ganzen Volkswirtschaft aus einem derart verbesserten Straßennetz erwachsen: Zunahme des Fremdenverkehres, Stärkung des Gold- und Devisenschatzes des Staates, Hebung der Steuerkraft, Ersparnisse der eigenen Volkswirtschaft an Treibstoffen, Öl, Bereifung und Wagenreparatur (die jährlichen Gesamtbetriebskosten im österreichischen Kraftfahrwesen wurden für das Jahr 1932 mit 562 Millionen Schilling errechnet!), Verbilligung der Selbstkosten im Transportgewerbe für zahlreiche Güter auf kurze und mittlere Entfernungen, Belebung der heimischen Kraftfahtzeugindustrie uud aller mit ihm zusammenhängenden Gewerbe, ausstrahlende Wirkung der Arbeitslosenverminderung bis in die Gebiete der Urproduktion und der Konsumgüter usw., dann kann die Beantwortung der Frage, ob an ein derartiges Werk herangetreten werden soll oder nicht, kaum zweifelhaft sein!

Hierzu sei noch kurz angemerkt, daß der Jahresumsatz der österreichischen Autoindustrie und aller ihrer Neben- und Hilfsindustrien auf rund 300 Millionen Schilling geschätzt wird und daß die Zahl der in diesen Betrieben beschäftigten Angestellten und Arbeiter etwa 70000 bis 75000 beträgt. Dem Staate fließen aus diesem Wirtschaftszweige Jahr für Jahr sehr bedeutende Einnahmen zu. Im österreichischen Bundesvoranschlage für 1933 war beispielsweise für Benzinsteuer, Kraftwagenabgabe und Kraftwagenverkehrssteuer insgesamt ein Einnahmebetrag von 44,5 Millionen Schilling vorgesehen, zu welcher Summe die Autoindustrie ergänzend noch ihre Leistung an Zoll, Wust, Krisensteuer, Fürsorgeabgabe und Versicherungsgebühren mit etwa 51 Millionen Schilling einschätzt; daraus ergibt sich, daß die Autoindustrie mit ihren Neben- und Hilfsindustrien der Öffentlichkeit alljährlich (ohne Zurechnung der direkten Steuern) einen Betrag von rund 100 Millionen Schilling einbringt[1]!

Der in Tabelle 10 berechneten zusätzlichen Mehrbelastung des Staatshaushaltes liegt die Voraussetzung zugrunde, daß parallellaufend mit der schrittweisen Schaffung der Fernstraßenzüge auch der bisherige, planvolle Ausbau des übrigen Straßennetzes ungeschmälert fortgesetzt werde. Denn gute, leistungsfähige Fernstraßen können sich zum Segen der Volkswirtschaft nur dann richtig auswirken, wenn sie durch ein modern ausgebautes und weit verästeltes Netz von Zubringer- und Verteilerstraßen sinnvoll ergänzt werden.

Bedachtnahme auf die Wirtschaftslage der Eisenbahnen.

Der Gedanke, 560 Millionen Schilling im Straßennetze Österreichs im Laufe von zwei Jahrzehnten zu investieren, muß natürlich nach allen Richtungen hin sorgsam erwogen werden und dabei u. a. auch in Bezug auf die Wirtschaftslage unserer Eisenbahnen, die — ebenso wie das in allen anderen Staaten der Welt der Fall ist — mit den Auswirkungen der andauernden Wirtschaftskrise schwer zu ringen haben. Ist nicht vielleicht die Rücksichtnahme auf die Eisenbahnen ein ernster Grund, von einer derartigen zusätzlichen Investition im Straßenwesen Abstand zu nehmen?

Gewiß ist, daß die Mittel, die für den Ausbau des Fernstraßennetzes erforderlich sind, nicht der gesunden Fortentwicklung unserer Eisenbahnen entzogen werden dürfen; die Mittel müssen also „zusätzliche" sein — aber darüber hinaus darf die Rücksicht auf die Erhaltung des Alten niemals das gesunde Aufkommen des Neuen willkürlich unterbinden! Es wäre vollkommen falsch zu glauben, daß die künstliche Drosselung eines jungen, kraftvoll aufstrebenden und zukunftsreichen Zweiges der Technik imstande wäre, den Gang der Entwicklung ernsthaft aufzuhalten und daß damit anderen Zweigen der Wirtschaft auf die Dauer wirksam geholfen werden kann. Und es ist das besonders dann unmöglich, wenn derartige Maßnahmen in einem verhältnismäßig kleinen Lande isoliert getroffen werden. Ein solches Beginnen könnte der Volkswirtschaft dieses Landes nur Schaden bringen und sie im wirtschaftlichen Wettbewerb der Völker stark ins Hintertreffen drängen!

Als vor rund 100 Jahren das Eisenbahnwesen seinen Siegeslauf begann und ihn in den nächsten fünf Jahrzehnten in Europa im wesentlichen vollendete, da war dieser Aufstieg nicht für alle Zweige des Wirtschaftslebens ein Segen, sondern für eine ganze Reihe alteingesessener Gewerbe (Frächterei, Lohnfuhrwerkerei, Schmiede, Wagner, gewisse Gastgewerbe usw.) nahezu der Untergang. Das ist der Lauf der Welt! Das Wohl der Gesamtheit aber kann bei solchen Umwälzungen im Wirtschaftsleben nicht durch einseitige, unnatürliche Hemmungen des Neuen, sondern nur durch verständnisvolle Anpassung des Alten an die Erfordernisse der neuen Zeit mit Erfolg und dauernd gewahrt werden. Für den Schutz des Alten gegen volkswirtschaftlich ungesunde Auswüchse des Neuen aber bietet die Wirtschaftsgesetzgebung aller Staaten ausreichende Möglichkeiten, die allerdings bisher in den meisten Staaten viel zu wenig ausgewertet worden sind[2].

Das Anlagekapital der österreichischen Bundesbahnen steht derzeit mit rund 3,5 Milliarden Schilling zu Buch und wurde im letzten Jahrzehnt durch Investitions-

[1] Sieghartner: Die wirtschaftliche Notwendigkeit des Straßenbaues. Vortrag, gehalten auf der Länderkonferenz des Verbandes der österr. Straßengesellschaften in Linz am 9. Juni 1934.

[2] Siehe hierzu die wirtschaftspolitische Studie von Dr. Engelbert Fallmann, Syndikus der Ö. B. B.: Die Lösung des Verkehrsproblems als Mittel zum Neuaufbau der Wirtschaft. Wien: F. Deuticke, 1936.

aufwendungen aller Art im Durchschnitt um etwa 60 Millionen Schilling jährlich ergänzt. Ist es da — wie von mancher Seite behauptet wird — wirklich unangemessen und unzulässig, nun durch zwei Jahrzehnte einen Bruchteil dieses Jahresaufwandes im Straßenwesen zu investieren — in einem Verkehrszweig, der fast ein Jahrhundert lang das vergessene Stiefkind im Schatten der Eisenbahnen gewesen ist?

Wer diese Frage unvoreingenommen und mit dem Blick auf das Wohl der Gesamtheit prüft, der kann über ihre Beantwortung nicht im Zweifel sein! Im übrigen aber gilt hier treffend, was N. Benkiser (Rom) am Schlusse seines Berichtes über: „Die italienischen Autostraßen und ihre Rentabilität" schreibt. Er sagt dort: „Mit Bleistift und Papier wird sich selten die Notwendigkeit oder Überflüssigkeit des Baues von Straßen beweisen lassen; das Gefühl für das wirtschaftlich Zweckmäßige wird sich aber im Rahmen solcher Erwägungen stets vor Maßlosigkeit einerseits und zu großer Ängstlichkeit anderseits hüten müssen und wird dabei auch dem Gesichtspunkte der Beschäftigung von Arbeitslosen den richtigen Platz einzuräumen haben!"[1]

VIII. Die Fernstraße Passau—Linz—Wien—Kittsee.

Unter den Straßenzügen des österreichischen Fernstraßennetzes (Abb. 17) kommt der 330 km langen Strecke Passau—Linz—Wien—Kittsee die größte Bedeutung zu. Wenn überhaupt eine Linie das Anrecht hat, in ihrer Ausgestaltung vollkommener angelegt zu werden als die übrigen, dann ist es diese, denn über sie wird dereinst der transkontinentale Durchzugsverkehr vom Atlantischen Ozean zum Schwarzen — und Ägäischen — Meere und weiter nach Indien bzw. Afrika gehen — und in ihrem Zuge weist die Verkehrszählung schon heute die größte Dichte des österreichischen Straßenverkehres aus.

Varianten der transeuropäischen Durchzugsstraße: Passau—Kittsee.

Am naheliegendsten erscheint es zunächst, zwecks Schaffung dieser Fernstraße die bestehende Bundesstraße von Passau über Schärding—Linz—Amstetten—St. Pölten und Wien nach den Grundsätzen von Abschnitt VI auszubauen. Damit würde wohl dem Fernverkehr von West nach Ost ein tauglicher Weg gewiesen, aber im wesentlichen nichts Neues geschaffen. Der Ausbau von Passau bis zur ungarischen Grenze bei Kittsee in dieser Art würde samt den notwendigen Umgehungsstraßen rund 100 Millionen Schilling erfordern (300000 S je 1 km), und angesichts dieser Bausumme drängt sich von selbst die Frage auf, ob mit Aufwendung derartiger Mittel nicht eine andere, den gleichen Zweck erfüllende, jedoch für Österreich wertvollere Linie geschaffen werden kann?

Hier kommt als Variante nur eine Linie ernsthaft in Betracht: die das ganze Donautal erschließende Nibelungenstraße. Sie führt von Passau zunächst rechtsufrig über Engelhartszell, Schlägen und Eferding nach Linz und von da linksufrig über Mauthausen, Grein und die Wachau nach Krems. Von hier findet sie sodann über Stockerau und Korneuburg ihre Fortsetzung nach Wien und zur ungarischen Grenze.

Durch den Ausbau dieser Linie zur transkontinentalen Durchzugsstraße würde endlich einmal das Donautal in wirklich großzügiger Weise dem Weltverkehre erschlossen und der Mißstand beseitigt werden, daß dieses bedeutendste West—Ost—Tal Mitteleuropas, auch weiterhin und für ewige Zeiten ein Stiefkind des Verkehres

[1] Die Autostraße, S. 126. Basel. 1933.

bleibe. Für die Förderung des Fremdenverkehres Österreichs und die wirtschaftliche Hebung der ganzen Donaulandschaft aber wäre die Wahl dieser Linienführung von gar nicht abzusehender Bedeutung!

Der internationale Reiseverkehr würde diese Linie sicherlich mit größter Vorliebe benützen, da doch kein Zweifel darüber besteht, daß das Donautal mit seinen landschaftlichen Reizen, seinen großartigen Stiften, Schlössern und Kunstdenkmälern und nicht zuletzt mit seiner sagenumwobenen Geschichte hinter dem so viel besungenen Rheintal in keiner Weise zurücksteht. Kraß ist lediglich der Unterschied in Bezug auf die verkehrstechnische Erschließung. Das läßt schon Abb. 26 recht deutlich erkennen. Trotz doppelgleisiger links-rheinischer und rechts-rheinischer Eisenbahnen, trotz Schaffung der Reichsautobahnlinie Karlsruhe—Mannheim—Frankfurt—

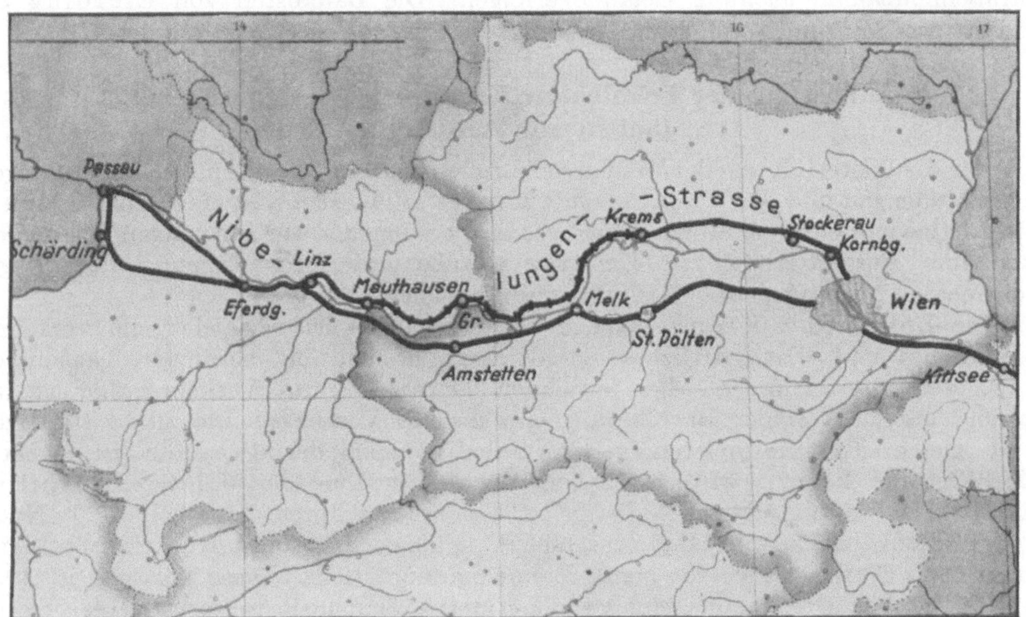

Abb. 25. Die Nibelungenstraße als Variante der transeuropäischen Durchzugstraße Passau—Kittsee.

Köln—Düsseldorf—Duisburg, die dem Rheintale ziemlich genau folgt, ist dieses auf beiden Ufern in allerjüngster Zeit auch noch durch Straßenzüge hoher Vollkommenheit, die in ihrer Gestaltung der Anlage von Fernverkehrsstraßen recht nahe kommen, in den Weltverkehr eingegliedert worden.

Die derzeitigen Straßenverhältnisse entlang des ganzen Donautales zwischen Passau und Stockerau dagegen sind für einen internationalen Durchzugsverkehr so gut wie untauglich; ganz besonders gilt das für die Strecke Passau—Engelhartszell—Aschach—Eferding. Hier besteht bloß eine ganz bescheidene Straßenverbindung, die nach Anlage, Breite und Belag nahezu jedweder neuzeitlichen Ausgestaltung für den Kraftwagen-Fernverkehr entbehrt. Von ihr führen nur wenige steile Fahrwege landeinwärts über die die Donau begleitenden Höhen zur Bundesstraße Schärding—Peuerbach, die etwa 20 km weiter südlich verläuft, bzw. zur Lokalbahn Linz—Eferding—Waizenkirchen—Peuerbach. Aber auch im weiteren Verlaufe des Donautales stromabwärts bis Stockerau sind die Verkehrsverhältnisse höchst mangelhaft. Es ist also sicherlich nicht übertrieben, wenn man sagt, daß das Donautal von Stockerau aufwärts bis zur bayrischen Grenze, ganz besonders aber in der Strecke von Aschach bis Passau, heute für den Fremdenverkehr noch so gut wie unerschlossen ist, wenn man von dem ziemlich spärlichen Schiffsverkehr auf der Donau absieht, der überdies nur in der Sommerszeit betrieben wird.

Die vor allem von Oberösterreich ausgehenden Bestrebungen, hier durch Erbauung der „Nibelungenstraße“ Wandel zu schaffen, sind daher sehr begreiflich! Die Straßenlänge von Passau bis Eferding beträgt — unter Abkürzung der Donauschleife bei Schlägen — rund 60 km. Die Baukosten wurden vor 7 Jahren unter Annahme einer Straßenbreite von 6 m auf etwa 9 Millionen Schilling geschätzt[1]. Sie müßten aber heute, bei Ausgestaltung zur Fernstraße im Sinne der Anlagegrundsätze von Abschnitt VI, mit rund 20 Millionen Schilling in Rechnung gestellt werden!

Von Eferding bis Urfahr (25 km) könnte die bestehende Bundesstraße ausgebaut werden — von Urfahr bis Mauthausen (20 km) müßte größtenteils ein Straßenneubau in leichtem Gelände erfolgen. Die Baukosten von Eferding bis Mauthausen können auf etwa 13 Millionen Schilling geschätzt werden.

Auflassung der Lokalbahn: Krems—Grein—Mauthausen; Umbau zur Autostraße.

Für die Weiterführung der Nibelungenstraße von Mauthausen über Grein durch den Strudengau und die Wachau nach Krems ergibt sich nun eine ganz besonders eigenartige und günstige Möglichkeit: Die Auflassung der 108 km langen Lokalbahn und ihre Ausgestaltung zur Kraftwagenstraße unter Ausnützung ihrer ausgezeichneten Neigungs- und Krümmungsverhältnisse!

Die Lokalbahn Krems—Grein—Mauthausen ist seit jeher ein verkehrstechnisches und wirtschaftliches Sorgenkind der von ihr berührten Gemeinden bzw. der österreichischen Bundesbahnen gewesen. Ihre Verkehrsgröße ist zu gering, um die von der Bevölkerung gewünschte Verkehrsdichte zu rechtfertigen und gleichzeitig die notwendige Wirtschaftlichkeit des Betriebes zu sichern. Zur Zeit der kurzen, wirtschaftlichen Hochkonjunktur des Jahres 1926 betrug die Verkehrsleistung dieser Lokalbahn im Güterdienst durchschnittlich 35000 Nutzlast-Tonnenkilometer pro Tag, was einem täglichen Hin- und Rücktransport von rund 160 t Nutzlast über die ganze Bahnlänge entspricht. Diese Leistung ist 1931 auf 145 t, sodann 1932 auf 100 t gesunken und seither noch weiter gefallen. Sie ist nur etwa doppelt so groß als die der 76-cm-spurigen Ybbstalbahn und beträgt nur ein Vierzigstel bis ein Fünfzigstel der Tagesleistung der österreichischen Nordbahn.

Für einen ertragbringenden Eisenbahnbetrieb ist eine derartige Verkehrsgröße zu gering. Ist es da nicht naheliegend, die gänzliche Auflassung dieser Linie und ihre Umgestaltung in eine Kraftwagenstraße in Erwägung zu ziehen? Eine solche kann ein Vielfaches der bescheidenen Leistung, wie sie hier im Personen- und Güterverkehr zu bewältigen ist, mit Leichtigkeit vollbringen — aber nicht nur das, sondern dazu auch noch erheblich zweckmäßiger, weil der Kraftwagen viel besser in der Lage ist, die individuellen Verkehrsbedürfnisse der Bevölkerung in bezug auf Schnelligkeit, Fahrplangestaltung und Güterzustellung (Haus-Haus-Verkehr) zu erfüllen, als die ihrer ganzen Eigenart nach für Massenleistungen bestimmte Eisenbahn.

Industriegleis-Anschlüsse, die u. U. ein Hindernis für die Auflassung des Eisenbahnbetriebes bilden könnten, besitzt die Lokalbahn Krems—Grein—Mauthausen nur sehr wenige. Von ihnen ist nur ein einziger von größerer Bedeutung: der des Schotterwerkes „Loja“ bei Metzling zwischen Marbach und Persenbeug. Das Werk liegt hart am linken Donauufer und unmittelbar gegenüber — ebenso nahe dem Strom, befinden sich die Gleise der Westbahnlinie: Wien—Linz—Salzburg. Es ist daher möglich, für das Schotterwerk „Loja“ ein Ersatz-Schlepp-

[1] Sieghartner: Die Nibelungenstraße. Das Straßenwesen, H. 12, S. 12—16. Wien. 1930.

gleis jenseits der Donau mit der Einbindung im Bahnhof Krummnußbaum herzustellen und die Erzeugnisse des Werkes unter Aufwendung durchaus mäßiger Kosten mittelst einer Material-Seilbahn über den Strom zu bringen!

Das erste Teilstück, die Lokalbahn Mauthausen—Grein (30 km), ist um die Jahrhundertwende, das zweite Teilstück, die Linie Krems—Grein (78 km) in den Jahren 1908/09 erbaut worden. In der ganzen, 108 km langen Linie ist ein Anlagekapital investiert, das etwa 40—45 Millionen Schilling entspricht und das heute mehr oder weniger brachliegt. Es kann zu neuem, früchtetragendem Leben erweckt werden, wenn man den Eisenbahnbetrieb aufläßt und den Bahnkörper zur transkontinentalen

Abb. 26. Reichsstraße Nr. 42: Wiesbaden—Bonn[1]; Strecke gegenüber von Bacharach am Rhein. Breitenmaße: Gehweg 1,40, Radfahrweg 1,90 — gepflasterte Halbrinne 0,50 — Fahrbahn 6,00 — gepflasterte Vollrinne 0,70; sodann Stützmauer der rechtsrheinischen Eisenbahn.

Durchzugsstraße ausbaut, zur Nibelungenstraße, die bald Weltruhm erwerben wird. Daß hierbei nicht nur technische, sondern auch ganz neue rechtlich-wirtschaftliche Fragen gelöst werden müßten, liegt auf der Hand. Das sollte aber kein Hindernis, sondern nur ein Anreiz sein, sich mit dieser Frage zu beschäftigen, und es würde hierbei Sache der diesfälligen Studien und Verhandlungen sein, die Frage so zu ordnen, daß den österreichischen Bundesbahnen für die Überlassung der Eisenbahnlinie eine angemessene Vergütung geleistet werde — was z. B. durch Einräumung einer noch näher zu bestimmenden Monopolstellung in bezug auf den gewerblichen Personen- und Gütertransport über die Nibelungenstraße von Wien bis Linz geschehen könnte!

Auch hier aber wäre es im Interesse des Fremdenverkehres wichtig, nicht eine Autobahn zu bauen, die nur gegen Zahlung einer Benutzungsgebühr befahren werden

[1] Günther Schulze: Die Reichsstraßen. Die Straße S. 362. Berlin 1936.

kann und auf der die Kraftfahrer nach Erlag derselben auf hunderte Kilometer mehr oder weniger gefangen sind, sondern eine gebührenlose, überall frei zugängliche Kraftwagenstraße, die es dem Autotouristen ermöglicht, die vielen Sehenswürdigkeiten des Strudengaues und der Wachau nach Belieben aufzusuchen und zu genießen! Für den Fußgeher, Radfahrer und das Gespannfuhrwerk aber wäre die Kraftwagenstraße zu sperren und diesen Straßenbenutzern nach wie vor die alte parallellaufende Landstraße entlang der Donau zuzuweisen.

Die Kosten eines derartigen Ausbaues der bestehenden eingleisigen Lokalbahn zur Autobahn können etwa gleich hoch eingeschätzt werden wie die Kosten einer zweigleisigen Ausgestaltung, weil beide Maßnahmen zu nahezu genau gleicher Kronenbreite des Verkehrsweges führen. Über die Kosten des zweigleisigen Ausbaues einer eingleisigen Bahn liegen aber genügende Erfahrungen vor. Die jüngsten betreffen den Bau des zweiten Gleises auf der Westbahnlinie von Salzburg bis Wörgl (1908—1916). Diese Kosten betrugen — nach Abzug der Oberbaukosten (Schienen, Schwellen, Weichen usw.) — wenn man von dem ganz ungewöhnlich schwierigen, 12 km langen Abschnitt Lend—Taxenbach absieht, in der übrigen 162 km langen Strecke 150 000—190 000 Goldkronen je 1 km. Für die Linie Mauthausen—Grein—Krems wird man in der offenen Strecke (also außerhalb der Tunnelstrecken) in Anbetracht des durchschnittlich leichteren Geländes etwa mit 140 000 Goldkronen je 1 km zu rechnen haben. Das ergibt nach Multiplikation mit einem Baukostenindex von 2,1 und Hinzurechnung von 120 000 S je km für die Kosten des Fahrbahnbelages einen Gesamtbauaufwand in der offenen Strecke von etwa 400 000 S je 1 km Länge.

Die in größerer Zahl vorhandenen eingleisigen Eisenbahn-Tunnel müssen entweder erweitert werden (von 5·50 m größter Lichtweite auf 7·50 m) — wie das in ähnlicher Weise beim Ofenauer-Tunnel nächst Golling und bei vielen anderen Tunneln der Salzburg-Tiroler-Bahn mit voller Aufrechterhaltung des Eisenbahnbetriebes geschehen ist (diese Erschwerung fällt hier fort!) — oder aber sie können überall dort, wo das leicht durchführbar ist, für eine Fahrtrichtung mit einer Eisenbahnstraße umfahren werden. Eine künstliche Lüftung der Tunnel ist in Anbetracht ihrer mäßigen Länge (der größte ist 570 m lang) und ihrer geringen Neigung entbehrlich! In den Tunnelstrecken entfällt die mittlere Überholungsbahn. (Vorfahr-Verbot!)

Tabelle 12. Schätzungsweise Kosten des Umbaues der Lokalbahn: Krems—Grein—Mauthausen zur Autobahn.

P. Nr.	Kostenaufwand für	Länge in km	Kosten	
			je 1 km S	insgesamt Millionen S
1	Offene Strecken	105	400 000	42,0
2	Umbau der Tunnelstrecken einschließlich Fahrbahn und Beleuchtung	3	1 400 000	4,2
3	Beseitigung von Plankreuzungen mit Straßen und Wegen	—	—	2,0
4	Ersatzherstellungen für aufgelassene Industriegleis-Anschlüsse	—	—	0,8
	Somit Umbaukosten insgesamt...			49,0

Tabelle 12 gibt eine Zusammenstellung der schätzungsweisen Gesamtkosten des Umbaues. Demnach ist man imstande, mit einem Kostenaufwand von 49 Millionen Schilling von Mauthausen durch den Strudengau und die Wachau bis Krems eine landschaftlich hervorragend schöne, 108 km lange, erstrangige, vollkommen hochwasserfrei liegende Autobahn nach der Art der italienischen Camionale mit ausgezeichneten Neigungs- und Richtungsverhältnissen zu erbauen!

Die hier und ebenso die an allen anderen Stellen dieser Abhandlung angegebenen Kostenziffern sind durchaus vorsichtig erstellt, so daß erwartet werden kann, daß sich bei sorgsamer und wohlvorbereiteter Bauausführung noch namhafte Ersparnisse werden erzielen lassen. Dieser Vorsicht liegt die Erfahrung und Überzeugung zugrunde, daß für die Volks- und Finanzwirtschaft eines Staates und für das Ansehen der Technik nichts schädlicher ist als eine fehlerhafte oder gar absichtliche Unterschätzung der Baukosten großer Ingenieurbauwerke!

Die Fortsetzung nach Osten im Zuge der bestehenden Straßenverbindung von Krems über Stockerau nach Wien und sodann bis an die ungarische Grenze bei Kittsee (120 km) kann nach den Grundsätzen von Abschnitt VI samt den nötigen Umgehungsstraßen im Mittel ebenso veranschlagt werden wie der Ausbau der Bundesstraße von Passau über Schärding—Linz—St. Pölten—Wien nach Kittsee, also im Gesamtdurchschnitt mit 300000 S je 1 km, und damit erhält man schätzungsweise folgende Gesamtkosten in bezug auf den Ausbau der transkontinentalen Durchzugsstraße London—Konstantinopel entlang der Donau als Nibelungenstraße:

Passau—Eferding	60 km	lang	20 Millionen	Schilling
Eferding—Urfahr—Mauthausen	45 ,,	,,	13 ,,	,,
Mauthausen—Krems	108 ,,	,,	49 ,,	,,
Krems—Wien—Kittsee	120 ,,	,,	36 ,,	,,
Zusammen	333 km	lang	118 Millionen	Schilling

Der Weg von Passau bis zur ungarischen Grenze über die Nibelungenstraße ist also, praktisch genommen, nicht länger als der Weg über Schärding und St. Pölten und erfordert nur etwa um 18% höhere Baukosten. Der Wert einer derart großzügigen Erschließung des Donautales durch ganz Österreich ist aber wirtschaftlich und kulturell kaum hoch genug einzuschätzen, und daraus folgt, daß die Variante der Nibelungenstraße zur Ausführung gebracht werden sollte, wenn die genauen, vergleichenden Studien und Planungsarbeiten, die durchzuführen — vor Entscheidung dieser wichtigen Frage — ganz unerläßlich ist, eine Bestätigung der hier vorgenommenen Kostenschätzung ergeben.

Beginnt man — wie es gar nicht anders sein kann — mit dem Ausbau des österreichischen Fernstraßennetzes bei der Linie Passau—Linz—Wien, und stellt man das Bauprogramm so auf, daß das Gesamtnetz in 2 Jahrzehnten vollendet wird, dann kann die Nibelungenstraße in ihrer ganzen Ausdehnung von Passau bis Kittsee längstens 6 Jahre nach Beginn des Fernstraßenbaues dem Durchzugsverkehre übergeben werden!

Ähnliche Umwandlungspläne im Ausland.

Der Gedanke, eine Nebenbahnlinie aufzulassen und in eine Kraftwagenstraße umzuwandeln, ist keineswegs so ungewöhnlich oder eisenbahn-unfreundlich, wie das vielleicht manchem im ersten Augenblick erscheinen mag. Dieser Gedanke liegt durchaus in der Linie der technischen Entwicklung unserer Zeit und ihrer wirtschaftlichen Notwendigkeit und wird in ähnlicher, sogar noch viel großzügigerer Weise auch von berufstätigen Fachmännern des Eisenbahnbetriebes mit voller Überzeugung vertreten.

Zu den interessantesten Gedanken dieser Art zählt der Vorschlag, den der Betriebsdirektor der französischen Nordbahn, Herr M. Javary, auf dem Kongreß der französischen Zivilingenieure in Paris am 21. September 1931 öffentlich besprochen hat[1]. Er findet sich mit der Tatsache ab, daß es unmöglich ist, den technischen Fortschritt aus der Verkehrswirtschaft abzuschaffen und wirft die Frage auf, ob es denn richtig sei, die Eisenbahnen auch heute noch — nach Verlust ihrer Monopolstellung — in der gleichen Weise weiter zu betreiben wie bisher, also mitsamt ihren zahlreichen verkehrsschwachen und verlustbringenden Nebenlinien. Seine Antwort ist ein klares „Nein“!

Nach Javary ist es dringend notwendig, sich klarzumachen, wie unsere Eisenbahnnetze gestaltet würden, wenn wir sie erst heute neu zu erbauen hätten. Und er kommt hierbei zu dem unzweifelhaften Schluß, daß wir dann sicherlich nur die verkehrsdichten Linien erbauen würden. Daraus zieht Javary aber in Bezug auf die Anpassung an die heutige Verkehrslage (unter anderem) die Folgerung, daß der gesamte Personen- und Stückgutverkehr der Nebenlinien dem Kraftwagentransport zu überweisen sei und daß auf den stillgelegten Nebenbahnen nur mehr der Wagenladungsverkehr schleppbahnmäßig betrieben werden solle.

Der Gedanke, bestehende verkehrsschwache Eisenbahnlinien aufzulassen und ihre Verkehrsaufgaben dem Kraftwagen zu überweisen, ist auch in dem Sanierungsprojekte der schweizerischen Bundesbahnen behördlich vorgesehen und wiederholt auch von privater Seite lebhaft zur Erörterung gestellt worden: 1927 von Ingenieur R. Zubler (Baden)[2] und 1935 von Ing. H. Waldvogel (Thalwil)[3]. Besonders der Vorschlag des Erstgenannten ist außerordentlich weitgehend und hat nichts weniger im Auge als die Schaffung einer 320 km langen Autobahn vom Bodensee (Romanshorn) bis zum Genfer See (Lausanne), und zwar mit Benutzung einer ganzen Anzahl zusammenhängender Nebenbahnlinien unter vollständiger Aufhebung ihres Betriebes.

Der zweite Vorschlag behandelt in einem ernsten Studium die schwierige Linienführung der Fernstraße Bern—Zürich im Bereiche der argauischen Stadt Lenzburg, die einen wichtigen Knotenpunkt des schweizerischen Eisenbahn- und Straßenverkehres darstellt. Ingenieur Waldvogel geht hierbei von dem Ergebnis eines behördlich ausgeschriebenen Wettbewerbes zwecks Lösung der Verkehrsfrage und der Bebauung in und um Lenzburg aus und findet dabei durch Aufhebung des Verkehres auf der ehemaligen Nationalbahnlinie Zofingen—Suhr—Lenzburg—Baden—Wettingen (und allenfalls noch einiger weiterer Strecken) eine ganz wesentliche Verbesserung der eingelaufenen 50 Wettbewerbsentwürfe.

Aber alle diese Vorschläge sind in ihrer Anlage und Zweckbestimmung bei weitem nicht so natürlich und so logisch zwingend, wie der Plan, die Lokalbahn Krems—Grein—Mauthausen in eine Kraftwagenstraße umzuwandeln, zwecks günstigster Schaffung der Nibelungenstraße, die berufen ist, die ganze Donaulandschaft Österreichs dem Weltverkehre zu erschließen!

Hier im internationalen Wettbewerb der Technik beispielgebend voranzugehen, könnte Österreich nur zur Ehre und zum wirtschaftlichen Segen gereichen!

Werbekraft der Nibelungenstraße.

Man vergegenwärtige sich nur den Eindruck, den ein fremder Kraftfahrer von Österreich und seiner Landschaft gewinnt, wenn er von Passau die Nibelungenstraße abwärts bis Wien fährt. Ein landschaftlicher oder kultureller Glanzpunkt nach dem anderen erschließt sich seinem Auge: Obernzell, Engelhartszell, Schlägen,

[1] „Sur la collaboration du chemin de fer et de la route“ par M. Javary, Directeur du chemin de fer du Nord. Société des Ingenieurs Civils de France. Paris. 1931.

[2] Die Autostraße, S. 25f. Basel. 1936.

[3] Die Autostraße, S. 110f. Basel. 1935.

Wilhering, Urfahr, Grein, Sarmingstein, Persenbeug, Maria-Taferl, Melk, Schönbichl, Aggsbach, Schwallenbach, Spitz (mit der Autostraße auf den Jauerling [960 m] und seiner prachtvollen Fernsicht!), Weißenkirchen, Dürnstein, Göttweig, Kreuzenstein, Klosterneuburg und schließlich die Einfahrt nach Wien in der Enge zwischen Bisamberg und Leopoldsberg!

Eindrucksvoller kann die Einfahrt in eine Großstadt kaum sein! Die Werbekraft dieser Fernstraße würde sich für den ganzen Bundesstaat Österreich — vor allem aber für Oberösterreich, Niederösterreich und die ganze bisher so stief-

Abb. 27. Lokalbahn: Krems—Grein (im Bilde ganz rechts!) Blick Donauaufwärts vom Felshang über dem St. Michael-Tunnel auf Kirche und Schloß Arnsdorf (links) und Spitz (rechts). Im Hintergrund der Jauerling (960 m), zu dem bis in die Höhe von 860 m eine von Postkraftwagen befahrene Gebirgsstraße führt.

mütterlich mit Verkehr bedachte Donaulandschaft — ebenso segensbringend auswirken, wie es z. B. die Großglocknerstraße für Salzburg und Kärnten getan hat. Gewiß ist, daß die Schaffung der Nibelungenstraße Österreich in der ganzen Welt die Anerkennung und den Ruhm eintragen wird, daß der landschaftlich schönste Teil der großen Trans-Europastraße von Calais bis zum Schwarzen Meere auf österreichischem Boden gelegen ist!

Bei der Abwägung, ob diese wichtigste Durchzugsstraße Europas über Schärding—Amstetten—St. Pölten oder entlang der Donau geführt werden soll, dürfen natürlich egoistische Lokalinteressen einzelner Städte oder Märkte nicht ausschlaggebend sein! Wer über diese lebenswichtige Frage Österreichs zu entscheiden hat, der darf es nicht unterlassen, vorher zur Sicherung der Unbefangenheit seines Urteiles an einem schönen Tag von Wien bis Passau über St. Pölten und

Schärding zu fahren und am nächstfolgenden Tag entlang der Donau zurück nach Wien. Er wird dann mit Staunen den gewaltigen Unterschied zwischen der meist einförmigen Landschaftsgestaltung der Hinfahrt und dem hohen landschaftlichen Reiz und der großen Werbekraft der Rückfahrt feststellen können. Die Fahrt von Mauthausen durch den Strudengau und die Wachau nach Krems aber muß hierbei im Führerabteil des Austro-Daimler-Schnelltriebwagens gemacht werden, denn nur diese Bereisungsart bringt dem Touristen das gleiche landschaftliche Erlebnis wie die künftige Autobahn. Sie eröffnet Bilder und Blicke, die weit eindrucksvoller sind, als jene, die der Fahrgast der Eisenbahn oder des Dampfschiffes genießt, denn dem ersteren ist in der Regel nur der Blick quer zum Strom freigegeben (nicht aber der viel lohnendere in der Längsrichtung des Tales!) und dem letzteren fehlt vom Schiffsdeck aus der weite Blick eines erhöhten Standpunktes, den die oftmals 20 bis 25 m über dem Wasserspiegel liegende Autobahn reichlich gewährt.

IX. Die Organisation und die Wichtigkeit umfassender Vorarbeiten.

„*Vorbedingung für eine tadellose und wirtschaftliche Bauausführung ist das Vorliegen eines gewissenhaft und gründlich durchgearbeiteten baureifen Entwurfs. Ein solcher bildet auch die einzige verläßliche Unterlage für eine sichere Veranschlagung der Kosten.*“

„*Ohne genaue Pläne kann kein sauberes, reifes Bauwerk entstehen. Auch wenn solche Unterlagen vorhanden sind, treten bei der Bauausführung noch mancherlei Fragen auf, deren richtige Lösung der Selbständigkeit und Umsicht des Bauleiters überlassen bleiben muß.*“

Diese goldenen Worte der Erfahrung stehen an der Spitze der vom Generalinspektor für das deutsche Straßenwesen herausgegebenen „Vorläufigen Richtlinien für einheitliche Entwurfsgestaltung im Landstraßenbau.“[1] Sie niemals zu vergessen und ihnen in allen Belangen gewissenhaftest Rechnung zu tragen, kann jedem, der mit der Planung und dem Bau von Ingenieurbauwerken befaßt ist, oder hierüber zu entscheiden hat, nicht dringend genug ans Herz gelegt werden!

Größe der zu leistenden Projektsarbeit.

Die planmäßige Schaffung eines modernen Fernstraßennetzes erfordert die Durchführung umfassender Vorarbeiten und die Bewältigung einer ungewöhnlich mühe- und verantwortungsvollen Projektsarbeit. Die Größe der hierbei zu leistenden Arbeit geht für ein Fernstraßennetz, wie es beispielsweise das österreichische ist, am besten aus einem Vergleich hervor. Die letzte gewaltige Bauleistung der alten österreichisch-ungarischen Monarchie war die Erbauung der neuen österreichischen Alpenbahnen im Zuge der zweiten Eisenbahnverbindung mit Triest — also der Pyhrnbahn, Tauernbahn, Karawankenbahn, Wocheinerbahn und der Karstlinie von Görz bis Triest; hierbei wurden insgesamt 335 km neuer, schwieriger Gebirgsbahnen geschaffen. Mit den örtlichen Vorarbeiten für dieses große Werk wurde sofort nach Zustandekommen des dem Reichsrate vorgelegten Ermächtigungsgesetzes

[1] Volk und Reich Verlag — Berlin, Juni 1936.
Die Richtlinien enthalten u. a.:
Eine Aufstellung über die notwendigen Bestandteile der Entwurfsvorlagen.
Eine Beschreibung der einzelnen Bestandteile (Lagepläne, Längenschnitte, Querschnitte, Kunstbauwerke, Kostenübersicht usw.) und endlich
Genaue Musterpläne und Vordrucke für die einheitliche und lückenlose Verfassung der Bauentwürfe.

im Jahre 1901 begonnen, und die Bauarbeiten fanden ihren Abschluß mit der Betriebseröffnung der Teilstrecke Badgastein—Spittal a. d. Drau im Hochsommer 1909.

Der Bau der neuen österreichischen Alpenbahnen füllte also samt den Studien für die Vorbereitung der Gesetzesvorlage und samt den der Vollendung nachfolgenden Bauabrechnungsarbeiten das ganze erste Jahrzehnt unseres Jahrhunderts aus. Die Gesamtbaukosten betrugen rund 300 Millionen Goldkronen, was heute unter Berücksichtigung der maßgebenden Preisverhältnisse etwa 600 bis 700 Millionen Schilling gleichkommt. Es stehen also die mit 560 Millionen Schilling eingeschätzten Gesamtanlagekosten des österreichischen Fernstraßennetzes in der Größenordnung nur wenig hinter dem Kapitalerfordernis für die neuen österreichischen Alpenbahnen zurück, und daraus allein geht schon hervor, daß auch zur Durchführung der Vorarbeiten und des Baues des österreichischen Fernstraßennetzes eine Organisation erforderlich sein wird, die ungefähr jener des Baues der neuen Alpenbahnen entspricht. Es wäre völlig irrig zu glauben, daß die Projektierung des österreichischen Fernstraßennetzes weniger Zeit, Mühe und Verantwortung erfordert als die Planung der genannten neuen Eisenbahnlinien. Ganz im Gegenteil! Die Gesamtlänge der neu zu schaffenden Fernstraßen ist mehr als fünfmal so groß als jene der angeführten Eisenbahnlinien, und was an Zeit und Mühe für die Planung der großen Kunstbauten, Bahnhöfe und Betriebseinrichtungen der Eisenbahnen erspart wird, wächst reichlich wieder zu durch die bedeutend größere Linienführungsfreiheit der Kraftwagenstraßen, aus der sich zwangsläufig die Notwendigkeit der Bearbeitung und der technisch-wirtschaftlichen Abwägung zahlreicher Varianten auf Schritt und Tritt ergibt.

Um die Größe der zu leistenden Projektsarbeit ganz zu erfassen, vergegenwärtige man sich z. B. nur, welch umfangreiche und sorgfältige Studien notwendig sind, um alle Grundlagen für die Entscheidung der Frage zu schaffen, ob die transeuropäische Durchzugsstraße von Passau nach Kittsee über Schärding und St. Pölten oder entlang der Donau als Nibelungenstraße geführt werden soll — eine Abwägung, die nicht nur vom Standpunkte der verkehrstechnischen Zweckmäßigkeit und der Baukosten, sondern auch vom Standpunkte der volkswirtschaftlichen Interessen des Gesamtstaates mit größtem Ernste und weitausgreifender Gründlichkeit vorgenommen werden muß — überlege man sodann weiter, wie viele umfangreiche Studien und Projektsarbeiten durchgeführt werden müssen, um alle Plankreuzungen mit Eisenbahnen im Zuge des Fernstraßennetzes (etwa 70) zu beseitigen und durch Stockwerkskreuzungen zu ersetzen — und erwäge endlich die ungeheure Zahl der Umgehungsstraßen, die an Stelle der Ortsdurchfahrten alle vollkommen plankreuzungsfrei projektiert werden sollen! Jede einzelne derselben stellt ein ernstes technisches Problem dar, das viel Arbeit, Zeit, Mühe und Sachkenntnis erfordert! Man denke z. B. nur an die Planung der Umgehungsstraße für ein Städtchen, wie Melk es ist! Wo soll die Umgehungsstraße an gelegt und wie kann sie plankreuzungsfrei geführt werden?

Bei jeder Ortschaft, die umfahren werden soll, ergibt sich — wie schon erwähnt — nicht eine einzige Möglichkeit, sondern zumeist eine ganze Reihe von Varianten. Je näher die Umgehungsstraße an die Ortschaft gelegt wird, desto schwieriger ist die Forderung vollkommener Plankreuzungsfreiheit zu erfüllen und desto teurer kommt 1 km Straße zu stehen. Je weiter man die Umgehungsstraße vom Ort abrückt, desto günstiger kann sie in der Regel in ihrer Anlage gestaltet werden, aber desto länger wird sie auch! Wenn mehrere Ortschaften verhältnismäßig nahe aufeinanderfolgen, ist jedesmal auch zu studieren, ob nicht vielleicht die zweckmäßigste Lösung durch eine gemeinsam durchlaufende Umgehungsstraße gefunden wird!

Organisation für Planung und Bau.

Es ist unmöglich, all diese Studien und Planungsarbeiten durch die bestehenden, ausgezeichneten Dienstesstellen und Organe der Straßenerhaltung vollziehen zu lassen. Würde man ihnen diese Arbeitslast zusätzlich noch aufbürden, dann müßten sie unter ihr und der damit verbundenen Verantwortung zusammenbrechen! Die Arbeit selbst aber könnte auf diese Weise unmöglich mit der gebotenen Umsicht, Gründlichkeit und Vollkommenheit vollzogen werden! Eine solche Fehlorganisation würde aber auch aller Tradition widersprechen, denn gerade auf österreichischem Boden ist in Bezug auf Trassierung und Bauvorbereitung in der Vergangenheit stets Vorbildliches geleistet worden!

Auch beim Bau der neuen Alpenbahnen hat man Trassierung und Bau nicht zusätzlich den zahlreichen, mit hochqualifizierten Ingenieuren besetzten Dienstesstellen des Eisenbahnbetriebes und der Bahnerhaltung überantwortet, sondern man hat für die Bewältigung dieser großen Sonderaufgabe die k. k. Eisenbahn-Baudirektion in Wien mit den ihr unterstellten Trassierungsabteilungen und Eisenbahnbauleitungen geschaffen. Ebenso wurde es in der Nachkriegszeit mit der Errichtung der Elektrisierungsdirektion gehalten, als man daran ging, die Wasserkräfte der österreichischen Alpen auszubauen und dem Bahnbetriebe nutzbar zu machen, und in gleicher Art hat man in jüngster Zeit im Deutschen Reiche die geistige Grundlage für das Zustandekommen des Riesenwerkes der Reichsautobahnen geschaffen! Dort unterstehen dem Generalinspektor für das deutsche Straßenwesen in Gemeinschaft mit der Deutschen Reichsbahngesellschaft (als deren Tochterunternehmen die Reichsautobahnen ins Leben gerufen wurden) 15 oberste Bauleitungen (Königsberg, Stettin, Berlin, Altona, Hannover, Essen, Köln, Kassel, Frankfurt, Stuttgart, München, Nürnberg, Halle, Dresden und Breslau), denen für die unmittelbare örtliche Bauvorbereitung und Bauleitung insgesamt 65 Bauabteilungen unterstellt sind.

Die im Jahre 1901 für den Bau der neuen Alpenbahnen errichtete k. k. Eisenbahn-Baudirektion in Wien, an deren Spitze der geniale Eisenbahn-Baudirektor Sektionschef Ingenieur Dr. techn. h. c. Karl Wurmb stand, war auf Grund der geschaffenen Organisation dem Eisenbahnminister (Wittek) unmittelbar unterstellt und war in ihrer Art eine geradezu mustergültige Zentralstelle. Aus ihr ging die ganze Organisation des Projektswesens, gingen alle großen Studien, alle Richtlinien, Regelpläne, Musterpläne, alle Bauvergebungs- und Bauabrechnungsbehelfe und alle zentralen Weisungen zur Sicherung strengster Einheitlichkeit, Zweckmäßigkeit und Wirtschaftlichkeit sowie alle wichtigen Entscheidungen und Genehmigungen in Bezug auf Trassierung und Bau hervor. Ihr unterstanden die großen Bauleitungen (anfangs Trassierungsabteilungen) in:

Windischgarsten .... für die Pyhrnbahn,
Schwarzach-St. Veit u. Spittal a. d. Drau „ „ Tauernbahn,
Klagenfurt, Aßling und Görz .... „ „ Karawanken- u. Wocheinerbahn,
Triest .... „ „ Linie über den Karst.

Eine ganz ähnliche Zentralstelle müßte auch für den Bau des österreichischen Fernstraßennetzes geschaffen werden. Ihre Gliederung würde zweckmäßig etwa in folgender Art erfolgen:

Vorstands- und Personalbureau;

Abteilung für Rechtsangelegenheiten und für Grundeinlösung,
„ „ Trassierung und Studien,
„ „ Bauvorbereitung, Bauvergebung und Bauabrechnung,
„ „ Unterbau, Brückenbau und Tunnelbau,

Abteilung für Untergrund, Belag und Verkehrsschutz,
„ „ finanzielle Angelegenheiten;
und dazu noch die entsprechenden Kanzlei-Hilfsämter.

Zur unmittelbaren örtlichen Vorbereitung und Leitung aller Trassierungs- und Bauarbeiten aber müßten besondere Baudienststellen (Trassierungsabteilungen bzw. Bauleitungen) errichtet werden: etwa in Wien, Linz, Salzburg, Innsbruck, Feldkirch und Leoben. Die Konstruktionsbüros dieser Abteilungen könnten sodann aber auch zur Durchführung aller schwierigeren Studien und Planungen im Bereiche des ganzen übrigen Straßennetzes (einschließlich des autonomen) mit herangezogen werden.

Die k. k. Eisenbahn-Baudirektion in Wien konnte sich bei der Durchführung aller Vorarbeiten auf die ausgezeichnete Eisenbahn-Entwurfsordnung vom 25. Januar 1879, RGBl. Nr. 19, stützen, die in der ganzen Welt als mustergültig anerkannt und in vielen Teilen auch von anderen Staaten übernommen worden ist. Für den Neubau und Umbau von Straßen besteht aber bisher keine ähnliche, einheitliche und streng bindende Regelung des Projektswesens. Sie zu schaffen, und ebenso die notwendigen gesetzlichen Grundlagen für die erforderlichen Grundeinlösungen, bzw. Enteignungen, wird eine der ersten Aufgaben der neuen Zentralstelle sein. Dann werden auch die Widerstände leicht überwunden werden können, die heute noch vielfach der Anlage wichtiger Umfahrungsstraßen und dem Bau von Wirtschafts-, Radfahr- und Fußwegen entgegenstehen — Widerstände, die heute die Verwirklichung solcher Pläne oftmals zum Scheitern bringen, weil es nicht gelingt, die Zustimmung aller Beteiligten im Verhandlungswege sicherzustellen[1].

In letzter Zeit kann man leider wieder häufiger beobachten, daß Bauunternehmungen auf Grund flüchtiger Kartenstudien kurzerhand mit der Trassierung und der nachfolgenden Bauausführung bestimmter Teilstrecken einer Straße beauftragt werden. Ein solcher Vorgang ist bei der Schaffung von Kriegsbahnen oder Kolonialbahnen (bzw. -Straßen) oftmals unvermeidlich gewesen, er ist aber in allen übrigen Fällen nicht zu rechtfertigen und für das Werk und seinen Auftraggeber schädlich. Bei einer solchen Art der Planung entgleitet dem Auftraggeber die Führung der Trassierung und die volle Wahrung der ihm anvertrauten öffentlichen Interessen; es schwindet die sichere Gewähr für die strengste Einheitlichkeit der Anlage — wie sie der Straßenbenutzer mit Recht erwartet — und es schwindet ebenso die Bürgschaft dafür, daß stets die jeweils zweckmäßigste und billigste Lösung geplant wird und daß für die nachfolgende Bauausführung im Wege einer sorgfältigen Bauvergebung die günstigsten Einheitspreise erzielt werden.

Die genaue Projektierung ist in Kulturländern stets Sache des Bauherrn und seiner Organe oder für einzelne Teile des Werkes auch Sache ziviler Ingenieurbüros, die unter der Leitung des Bauherrn streng nach seinen Anweisungen arbeiten und die an der nachfolgenden geschäftlichen Seite der Bauausführung nicht interessiert sind. Ihre fallweise Heranziehung zum Zwecke rascherer Bewältigung großer Projektsarbeiten ist nicht nur zweckmäßig, sondern im Interesse der Vermeidung eines allzu großen Personalstandes bei den amtlichen Baudienststellen auch höchst wünschenswert.

Kosten gediegener Vorarbeiten; Folgen unzureichender Planung; Kapital-Fehlleitungen.

Wie steht es nun aber mit den Kosten solch umfassender, gediegener Vorarbeiten? Sie betragen insgesamt, von der ersten Kartenstudie bis zum fertigen Detailprojekt, einschließlich Kostenberechnung, Bauvergebungsoperat und Achsabsteckung im Ge-

[1] S. hierzu auch: Fischer: Betrachtungen zur Ausgestaltung unserer Fernverkehrsstraßen. Das Straßenwesen, S. 13f. Wien. 1935.

lände und einschließlich aller Variantenstudien etwa 3 bis 4% der Bausumme. Wenn man aber in Verkennung des hohen Wertes gründlicher Vorarbeiten deren Durchführung flüchtiger gestaltet, dann kann man damit einen geringen Bruchteil der angeführten Kosten ersparen — etwa 1 bis $1^1/_2$% —, der Schaden einer solchen Fehlorganisation ist aber ganz unabsehbar!

Wer an Geist, Zeit, Mühe und Geld bei der Organisation und Durchführung der Vorarbeiten kleinlich spart, der handelt wie ein Landmann, der aus Geiz und mangelnder Voraussicht das Saatgut zu karg bemißt und damit die Ernte hundertfach schädigt!

Unzureichende Vorarbeiten verhindern die Auffindung der technisch und wirtschaftlich vollkommensten Lösung, sie führen zu unvorhergesehenen Gefahren, Schwierigkeiten und Verzögerungen während der Bauausführung und sind zwangsläufig die Ursache von Kostenüberschreitungen, deren Höhe oftmals in einem krassen Mißverhältnis zu den Ersparnissen steht, denen zuliebe der Umfang und die Gründlichkeit der Vorarbeiten eingeschränkt worden sind. Gerade aus der Nachkriegsepoche in Europa ließe sich eine ganze Reihe von Beispielen anführen, die schlagend beweisen, wie verfehlt, ja verhängnisvoll es ist, mit Überstürzung und ohne genügende Vorbereitung an die Ausführung großer Ingenieurbauwerke heranzutreten und welche Wichtigkeit der Einsicht und dem Entschlusse zukommt, genügend Zeit, Mühe, Geist und Geld auf die Durchführung der Vorarbeiten aufzuwenden — zur Ehre der Technik und zum Wohle der Volkswirtschaft, die heute dringender als je früher die sorgsamste Betreuung aller Gebiete schaffender Tätigkeit erfordert[1].

In Kapitel VII wurden die Ausbaukosten des österreichischen Fernstraßennetzes schätzungsweise mit 560 Millionen Schilling berechnet. Von diesen kommt jedoch nur ein Teil — etwa der Betrag von 360 Millionen Schilling — in Form einer Mehrbelastung des Staatshaushaltes fühlbar zur Wirkung. Als Gesamtbauzeit wurden 20 Jahre in Aussicht genommen. Einen noch größeren Zeitraum hierfür anzusetzen, könnte nicht gerechtfertigt werden, denn der Kraftwagenbestand Europas nimmt trotz andauernder Kriegsgefahr und Wirtschaftskrise rapid zu und er wird nach menschlicher Voraussicht in den kommenden Jahrzehnten noch in gesteigertem Maße anwachsen, wie das in Kapitel I bereits näher ausgeführt worden ist.

Man kann den Beginn des Fernstraßenbaues in Österreich vielleicht aus finanziellen und budgetären Gründen noch um einige wenige Jahre hinausschieben — unbedingt nötig aber ist es, daß sofort großzügig und umfassend mit den Studien und Vorarbeiten begonnen und das ganze Problem raschestens einer vollständigen Klärung zugeführt werde. Wir müssen ehebaldigst und frei von allen Zweifeln wissen, welche Straßenzüge das österreichische Fernstraßennetz zu bilden haben und wie sie für diesen Zweck in ihrer Anlage ausgestaltet werden sollen. Nur so kann die Gewähr dafür geschaffen werden, daß alle unaufschieblichen, isolierten Bauherstellungen im Bereiche der Hauptverkehrsstraßen jeweils so geplant und ausgeführt werden, daß sie sich später harmonisch und fehlerlos in den Zug des Fernstraßennetzes einfügen. Geschieht das aber nicht — wird es unterlassen, das Fernstraßenproblem rechtzeitig im Wege ernster Studien und umfassender Vorarbeiten zu klären, dann wird man schon in naher Zukunft an vielen Stellen des österreichischen Straßennetzes beträchtlichen, verlorenen Bauaufwand und peinliche Kapitalfehlleitungen zu beklagen haben.

[1] S. hierzu auch die Aufsätze: Sieghartner: Tempo und Hast, Wirtschaftlichkeit und Billigkeit. Das Straßenwesen, S. 108f., 1935,
sodann Kostschek: Projekt, Ausschreibung und Vergebung im Straßenbau. Das Straßenwesen, S. 18f. 1936,
und Gernot: Projekt, Ausschreibung und Vergebung im Straßenbau. Das Straßenwesen, S. 44f. Wien. 1936.

Hier sei beispielsweise nur auf den bevorstehenden Neubau großer, rekonstruktionsbedürftiger Straßenbrücken hingewiesen, sodann auf die Beseitigung von Plankreuzungen mit Eisenbahnen und auf die Verbesserung oder Ausschaltung gefährlicher Ortsdurchfahrten. Jede einzelne dieser Ausführungen wird ganz anders geplant werden müssen — weitblickender und großzügiger als normal —, wenn es sich um einen Bau im Zuge des Fernstraßennetzes handelt. Brücken müssen sodann mindestens 9 m Fahrbahnbreite und beiderseits erhöhte Gehsteige — allenfalls auch Radfahrwege — erhalten, und wenn eine Brücke im Nahbereich einer Ortsdurchfahrt errichtet werden soll, dann muß als wichtigste Grundlage für deren Planung — zur Vermeidung einer künftig unrichtigen Lage der Baustelle — vorerst das Projekt der zugehörigen Umgehungsstraße baureif aufgestellt werden.

Eine ganze Reihe großer Brücken sind in jüngster Zeit im Zuge des österreichischen Bundesstraßennetzes neu erbaut worden, z. B. die Eisenbahn-Überfahrtsbrücken nächst dem Alpenbahnhof in St. Pölten und über die Linie Salzburg—Wels bei Mösendorf, sodann die Brücken

über	die Ybbs	bei	Kemmelbach,
,,	,, Enns	,,	Enns,
,,	,, Vökla	,,	Mösendorf,
,,	den Inn	,,	Zams,
,,	die Mur	,,	Judenburg

und viele andere mehr. Niemand kann heute mit Sicherheit sagen, daß sie sich mit ihrer Anlage später einmal einwandfrei in das künftige Fernstraßennetz einfügen werden und daß ihre Anlage auch in 20 Jahren noch ausreichend den Anforderungen des Kraftwagenverkehres entsprechen wird, denn der Linienplan des Fernstraßennetzes ist gesetzlich nicht festgelegt und die zugehörigen Anlagegrundsätze sind noch nicht endgültig und einwandfrei geklärt.

Andere große, unaufschiebbare Brückenneubauten wird uns die nahe Zukunft bringen: So den dringenden Umbau der alten Kettenbrücke über den Inn bei Mühlau (Innsbruck), den Neubau der Donaubrücke in Linz, der Murbrücke bei Frohnleiten, der Draubrücke in Villach u. a. m.!

Für alle diese Bauten ist es von größter Tragweite, daß die Fernstraßenfrage raschestens geklärt und daß damit der feste Rahmen geschaffen wird, von dem ausgehend sodann alle weiteren Einzelplanungen mit größter Vollkommenheit vollzogen werden können. Die notwendige Klärung aber kann nur im Wege der schon geschilderten, umfassenden, gediegenen und weitblickenden Vorarbeiten gewonnen werden!

Die Not der Zeit lastet schwerer auf unserer Generation; die Verantwortung aller Führer in Staat und Wirtschaft der ganzen Welt ist groß; die Bereitstellung finanzieller Mittel zur Durchführung öffentlicher Arbeiten und zur Bekämpfung der Arbeitslosigkeit bereitet von Jahr zu Jahr in allen Staaten immer größere Schwierigkeiten. Um so wichtiger ist es für jedes einzelne Land, durch sorgfältige und umfassende Vorarbeiten, die von klarem Weitblick und gediegener Sachkenntnis getragen sind, dafür zu sorgen, daß jeder Geldbetrag, der verausgabt wird, mit dem größtmöglichen Wirkungsgrad sich auswirken kann — zum Segen des Staates und seiner Wirtschaft — damit aber auch zum Wohle jedes Einzelnen im Lebensraum seines Volkes!

X. Anhang.

In Abschnitt VI sind die „Anlage-Grundsätze für den Ausbau der Fernstraßen-Netze in Staaten mit mäßiger Bevölkerungsdichte und geringerer wirtschaftlicher Kraft" übersichtlich zusammengestellt worden. Hierbei wurde in Punkt 9 empfohlen, „die Durchführung aller übrigen Maßnahmen zur Förderung des Kraftwagen-Verkehres" tunlichst vollkommen, aber ohne Aufwendung übermäßig großer Korrektionskosten zu gestalten. Die wichtigsten hier in Betracht kommenden Maßnahmen, bzw. Erkenntnisse, die schon beim Ausbau gewöhnlicher Straßen für den Kraftverkehr ausreichend beachtet werden müssen, sind dem nachstehenden Merkblatt zu entnehmen.

Merkblatt

betreffend die Ausgestaltung bestehender Straßen für den Kraftwagen-Verkehr.

Als Ergänzung hiezu siehe die unten angeführten „Richtlinien"[1].

I. Große Steigungen, die dem Gespannverkehr erhebliche Schwierigkeiten bereiten, werden von Kraftwagen in der Regel mit Leichtigkeit überwunden; sie führen lediglich zu einer mäßigen Herabsetzung der Fahrgeschwindigkeit.

Gegengefälle führen im Kraftverkehr nur dann, wenn sie eine größere Neigung als etwa 4—6% aufweisen, zu einer Erhöhung der Treibstoffkosten. Es ist aber zu beachten, daß diese nur einen mäßigen Bruchteil der Gesamtbetriebskosten eines Kraftwagens ausmachen (Treibstoff, Schmieröl, Bereifung, Löhne, Erhaltung, Erneuerung, Garagierung, Steuern, Abgaben usw.) und daß ihnen daher keine ungebührlich große Bedeutung beigemessen werden darf.

Aus diesem Grunde ist es wirtschaftlich nicht gerechtfertigt, erhebliche Baukosten auf die Korrektion des Straßenlängenschnittes aufzuwenden, solange noch weite Strecken des übrigen Straßennetzes einer neuzeitlichen Ausgestaltung entbehren.

II. Die kennzeichnendste Eigenschaft des Kraftwagens ist seine Fähigkeit, hohe Beschleunigungen und Verzögerungen zu entwickeln; dadurch ist er in der Lage, seine Fahrgeschwindigkeit sehr rasch und in sehr weiten Grenzen den jeweiligen Anforderungen der Bahn (Krümmung, Sicht usw.) anzupassen.

Es ist deshalb auch in bezug auf die Krümmungen wirtschaftlich nicht gerechtfertigt, erhebliche Korrektionskosten für die Vergrößerung der Bogenhalbmesser und für allzu großzügige Begradungen aufzuwenden, solange weite Strecken des übrigen Straßennetzes noch jedweder neuzeitlichen Ausgestaltung entbehren. Eine Verbesserung der Linienführung im Bereiche von Krümmungen ist zwingend nur dann geboten, wenn es sich um besonders scharfe Krümmungen oder um die Begradung mehrerer, knapp aufeinanderfolgender Gegenbögen oder um die Beseitigung von Umwegen handelt, die lediglich einer von altersher übernommenen, zu weit gehenden Beachtung der Besitzverhältnisse entsprungen sind und schließlich, wenn bei einzelnen S-Bogen sich die Zwischengerade als zu kurz für die Anlage der Sattlungsübergänge erweist (s. „Richtlinien", S. 20—22).

III. Der Umbau und die neuzeitliche Ausgestaltung bestehender alter Straßen hat sich dagegen grundsätzlich auf folgende Maßnahmen zu erstrecken:

---

[1] „Richtlinien für die Anlage und die Linienführung neuzeitlicher Straßen mit gemischten Verkehr". Ausgearbeitet von der Gesellschaft für Straßenwesen in Wien und Niederösterreich. Verlag: Verband der österr. Straßengesellschaften Wien IV., Operngasse 11.

1. Stellenweise oder durchlaufende Verbreiterung der Straße. Sie wird notwendig mit Rücksicht auf die größeren Abmessungen der Kraftfahrzeuge (Autobusse, Lastkraftwagen usw.) und der von ihnen entwickelten, bedeutend höheren Fahrgeschwindigkeit. Letztere erfordert bei Begegnungen und Überholungen einen größeren Sicherheitsraum sowohl gegen den Straßenrand zu, als auch gegen die Straßenmitte.

2. Angemessene Vorsorge für den gesicherten Verkehr von Radfahrern und Fußgängern besonders im Nahverkehrsbereiche großer Städte. Deutliche Kennzeichnung der Fußgänger-Kreuzungspunkte.

3. Ersatz bergseitiger Einschnittsgräben durch Spitzgräben oder Pflastermulden.

4. Schaffung ausreichender Parkplätze oder Parkstreifen überall dort, wo Kraftwagen regelmäßig oder zeitweilig in größerer Anzahl Aufstellung nehmen. Sie müssen — ebenso wie alle Tankstellen — so angeordnet werden, daß der Verkehrsraum durch die anhaltenden Fahrzeuge nicht eingeengt wird.

Größere Parkplätze sollen eine wohlüberlegte, zweckmäßige Einteilung erhalten (Zu- und Abfahrten, Durchfahrten mit beiderseitigen Aufstellplätzen, Tankstellen usw.); sie sind mit künstlicher Beleuchtung auszurüsten, wenn sie auch nach Einbruch der Dunkelheit benützt werden.

5. Schaffung ausreichender Lagerplätze für Baustoffe und Baugeräte zwecks vollkommener Freihaltung der Bankette, Radfahrstreifen und Fußwege.

6. Niveautrennung von Straße und Eisenbahn an allen Kreuzungsstellen, an welchen es mit erträglichem Kostenaufwand möglich ist. Wo Unter- oder Überführungen der Straße wegen allzu großer Baukosten nicht ausgeführt werden können, ist die Schaffung von Warnungsanlagen mit Lichtsignalen, die bei Tag und Nacht verläßlich wahrnehmbar sind, notwendig. Bei großer Verkehrsdichte von Eisenbahn oder Straße muß zu den Warnungsanlagen noch die bewegliche Abschrankung hinzutreten.

7. Großzügige lotrechte Ausrundung aller Neigungsbrüche, besonders im Bereiche von Straßenkuppen, sowie Beseitigung aller kleinen, unauffälligen und daher gefährlichen Straßenhöcker.

8. Beseitigung der alten, übermäßigen Wölbung des Straßenprofils. Der Kraftverkehr verlangt eine möglichst ebene Fahrbahn; zu starke Sattlung ist gefährlich, besonders bei Begegnungen und Überholungen, vor allem aber bei ungünstiger Witterung (Schleudergefahr!); sie verleitet den Kraftfahrer, in der Straßenmitte zu fahren.

9. Anlage von Übergangskreisbogen (Halbmesser $R_2 = 2\,R_1$) am Eingang und am Ausgang aller schärferen Krümmungen (Halbmesser R_1), unter Einhaltung einer angemessenen Tangenten-Abrückung $\triangle R_1$ vom Bogen der Hauptkrümmung. ($\triangle R_1 = 1{,}50 - 1{,}80$ m.)

10. Angemessene Verbreiterung der Fahrbahn in allen Straßenkrümmungen und grundsätzliche Durchführung der einseitigen Überhöhung in allen Krümmungen.

11. Ausreichende Freilegung der Sicht in den Straßenkrümmungen und im Bereiche aller Kreuzungen mit Eisenbahnen und mit Straßen, sowie bei der Einmündung seitlicher Verkehrswege.

12. Verbesserung der Ortsdurchfahrten (s. „Richtlinien", S. 37—38) oder Bau von Umgehungsstraßen, wenn eine ausreichende Verbesserung nicht möglich ist.

13. Ausschaltung größerer Umwege durch Herstellung von Abkürzungsstrecken, sofern diese mit mäßigem Kostenaufwand ausführbar sind.

14. Sachgemäße Entwässerung und Festigung des Straßenuntergrundes überall dort, wo Setzungen des Straßenkörpers zu beobachten oder zu befürchten sind.

15. Herstellung eines staubfreien, gut griffigen neuzeitlichen Belages sowohl für die Fahrbahn, als auch für die Radfahrwege und ergänzend hierzu: Ausgestaltung aller seitlich einmündenden Verkehrswege in solcher Art, daß eine Verschmutzung der Hauptverkehrsstraße hintangehalten wird.

16. Aufbringung von Fahrbahnmittelstrichen im Bereiche aller Krümmungen und Straßenkuppen, wenn eine genügende Freilegung der Sicht nicht möglich ist.

17. Aufstellung der erforderlichen Verkehrszeichen und Durchführung aller sonstigen Maßnahmen zur Sicherung des Verkehres (s. „Richtlinien", S. 39—42).

18. Verständnisvolle Ausgestaltung des Landschaftsbildes der Straße durch Schonung und Erhaltung schöner Baumgruppen oder Neupflanzung solcher; sodann durch Schaffung

lohnender Durchblicke und durch tunlichste Hintanhaltung der Entstehung von Kahlflächen entlang der Straße, bzw. durch Bepflanzung und Berasung aller unvermeidbaren Wundflächen dieser Art (Böschungen, Ausschlitzungen, Hinterfüllungen, Materialgewinnungsstellen usw.) — soweit diese Maßnahmen bei rechtzeitiger Vorsorge mit mäßigem Kostenaufwand durchführbar sind.

Parkplätze sollen tunlichst so angelegt werden, daß sie den landschaftlichen Reiz der Straße nicht beeinträchtigen, also möglichst unauffällig in Geländemulden oder gedeckt durch Baumgruppen, Gehölze u. dgl. Es ist nicht notwendig, daß der Parkplatz unmittelbar beim Aussichtspunkt, Hotel, Sportplatz usw., liegt; es genügt vielmehr, wenn er mit diesen Stellen durch einen kurzen, bequemen und gepflegten Fuß- bzw. Fahrweg verbunden ist. Die Gliederung größerer Parkplätze erfolgt am besten durch Heckenpflanzungen. Auch vereinzelte Bäume an passender Stelle sind geeignet, das Bild des Parkplatzes zu beleben und landschaftlich günstiger zu gestalten.

Manzsche Buchdruckerei, Wien IX.